小庭景深
小型家庭庭院风格与建造

[英] 大卫·斯夸尔（David Squire） 著

徐阳 译

中国水利水电出版社
www.waterpub.com.cn
·北京·

内 容 提 要

  拥有一座小庭院的你是不是渴望有个更大的院子？最好还能栽种各种各样的植物，修建各式景观。不过，即便是小庭院，荒废也实为可惜，不如欣然接受面积小的庭院、发挥创意精心呵护，同样也会令你产生满足感。本书在手，家中的小院子再也不会稀疏寥落，无论大小形状，每座庭院都可以变得生机盎然。

北京市版权局著作权合同登记号：图字01-2018-6628号

Original English Language Edition Copyright © **AS PER ORIGINAL EDITION**
IMM Lifestyle Books. All rights reserved. Translation into SIMPLIFIED
CHINESE LANGUAGE Copyright © 2020 by CHINA WATER & POWER
PRESS, All rights reserved. Published under license.

图书在版编目（CIP）数据

  小庭景深：小型家庭庭院风格与建造 ／（英）大卫
·斯夸尔著；徐阳译. -- 北京：中国水利水电出版社，
2020.10
  （庭要素）
  书名原文：SMALL GARDENS
  ISBN 978-7-5170-8970-4

  Ⅰ. ①小… Ⅱ. ①大… ②徐… Ⅲ. ①庭院－景观设
计 Ⅳ. ①TU986.2

  中国版本图书馆CIP数据核字(2020)第204204号

策划编辑：庄晨 责任编辑：王开云 封面设计：梁燕

书 名	庭要素 小庭景深——小型家庭庭院风格与建造 XIAO TING JING SHEN——XIAOXING JIATING TINGYUAN FENGGE YU JIANZAO
作 者	[英] 大卫·斯夸尔（David Squire）著　徐阳 译
出版发行	中国水利水电出版社 （北京市海淀区玉渊潭南路 1 号 D 座　100038） 网址：www.waterpub.com.cn E-mail：mchannel@263.net（万水） 　　　　sales@waterpub.com.cn 电话：（010）68367658（营销中心）、82562819（万水）
经 售	全国各地新华书店和相关出版物销售网点
排 版	北京万水电子信息有限公司
印 刷	雅迪云印（天津）科技有限公司
规 格	210mm×285mm　16 开本　5 印张　162 千字
版 次	2020 年 10 月第 1 版　2020 年 10 月第 1 次印刷
定 价	59.90 元

凡购买我社图书，如有缺页、倒页、脱页的，本社发行部负责调换

前言

无论庭院大小，不少家庭园艺师都渴望拥有大片空间，最好还能栽种各种各样的植物。不过，欣然接受面积小的庭院，发挥创意，精心栽培，同样也会令人产生满足感。

一些小庭院具备得天独厚的条件，可以说是为创造意外园林惊喜而生。如果种植区域很大，主人通常会在地面空间集中种植植物。如果种植区域不大，那么利用垂直区域和棚架种植就是不错的选择。墙基灌木非常适合覆盖墙体，在墙体、拱门和浪漫的凉棚上使用藤蔓植物同样会非常出彩。

无论庭院多小，都可以用迷人的小径统一起来。如果露台或院落面积非常小，可以使用盆栽让庭院一年到头色彩缤纷。的确，用吊篮、窗槛花箱、壁式花篮、桶或花盆种植盆栽，是一种激发灵感、切实可行的园艺规划，广受欢迎。

许多灌木和小型乔木非常适合小庭院，它们有的身形小巧，有的生长缓慢。除此之外，四季都有观赏价值的植物也值得纳入选择范围，无论被观赏的是花叶、浆果还是树皮。易栽培成活、不具入侵性也是小庭院植物所需的重要特性。在这本插图详细丰富的彩版园艺书中，将为你描述并推荐具备上述特征的适合小型庭院的植物。

本书在手，小庭院再也不会稀疏寥落，无论庭院的大小和形状如何，都可以变得色彩斑斓、激动人心。

植物名称

本书主要使用学界当前提倡的植物学名，并附上曾用学名或人们更熟悉的名称，以便读者识别。

关于作者

大卫·斯夸尔一生都在研究人工栽培品种和原生植物。他曾在赫特福德园艺学院（Hertfordshire College of Horticulture）和位于萨里郡威斯利的皇家园艺协会植物园（Royal Horticultural Society's Garden）研习植物学和园艺。迄今为止，大卫著有超过80部关于植物和园艺的图书，其中有14部收录于专家指南系列。他对原生植物的种植方式有着广泛的兴趣，并致力于研究它们的实用性、生存状况以及在医药和民俗方面的历史价值。

季节

本书将根据不同季节对耕作提出建议。由于全球各地区的气候和气温差别巨大，书中采用了四大主要季节描述，并将每一季细分为"早""仲""晚"——如早春、仲春和晚春。如有需要，可将这十二段时间与当地历月对应使用。

目录

小而精致的庭院

与较大的庭院相比，小庭院更需要主人倾注心血，如果想让庭院一年四季都具有很强的观赏性，就更需要加倍费心。大型庭院总是能够以面积太大为借口应对参观者的吹毛求疵，而小庭院则只能精心打理细节，坚持日常养护。

如果庭院比较小，可以偷懒吗？

机遇和局限

在花台或小水池边上构筑部分有遮蔽物的露台，为夏日增添一丝趣味，别具诗情画意——小型庭院正合适。此外，还可使用盆栽植物，缤纷的色彩和芬芳让人联想到温暖的气候。因此，与大型庭院相比，小庭院在同等面积上可能要耗费更多资金，请做好心理准备——小庭院很美，但有时造价昂贵。

可以做什么？

显然，在小空间乃至中等面积的庭院中难以实现需要无限空间的设计，但还有许多其他方案可供选择。比如，大规模运用某些新颖设计类型会耗费大量资金，但在有限的小空间中进行实验则正合适，如日式和地中海式庭院及棋盘式和车轮式烹饪香草园。还有许多其他设计可以借鉴——详见第6~7页。

↗ 如果希望房屋周边的花坛和花境夏日沉浸在丰富的色彩中，那么种植一系列夏季开花的花坛植物和多年生草本植物即可实现。

← 春季开花的球根植物，如亮色调的水仙花盆栽，将不同品种摆在一起，非常迷人。

制造空间感

哪怕是小庭院，也可让人产生空间充足的感觉，其秘诀在于在庭院中心制造一片空地，以植物或不遮挡全景的景观环绕四周。例如，水池能够让人产生空间感，且能反射光线，让这片区域显得更大。

制造惊喜

在制造空间感和隐藏惊喜之间，存在着微妙的平衡，二者都必不可少。惊喜元素最适合安排在庭院边缘，如在院子的栅栏或墙体中融入覆盖着茂密枝叶的小拱门或屏风。点缀着浓密叶片或开花藤蔓植物的独立式格子棚架也很适合制造惊喜。

保护隐私

庭院中需有安静之隅，私密空间能够安抚心灵。沉静的空间能让人身心放松，在垂直方向上或头顶设置枝叶茂密的屏风都有助于打造这样的一片小天地，尤其是绿树荫浓的夏日里能呆在里面简直是惬意极了。"黄叶"啤酒花（*Humulus lupulus* 'Aureus'）是打造夏日私密空间的理想植物，大叶片的花叶常春藤植物则更适合全年性遮蔽。

铺草坪还是建露台？

在许多花园中，草坪和露台都具有实用价值。草坪能让庭院富有整体感，可以衬托出花境和花坛的美观；而露台则全年皆可享用，能够应对各种天气，也是夏日休闲好去处。因此，小庭院对草坪的需求最小。如此一来，就可以省去各种草坪工具和割草机，还能节省燃料。

是否需要工具棚？

在大型庭院中建一座存放工具、花盆、培养土等物品的工具棚很有必要。而小庭院则可将封闭式凉亭与工具棚合二为一，如有车库，甚至可以直接利用。详见第78页。

小庭院类型

空间小，是否意味着发挥空间会有限？

创造激动人心却精致小巧的庭院充满无尽可能。除大型景观之外，还有一些能够满足各种胃口的风格与设计，只是以较小规模呈现而已。本书将图文并茂地呈现各种小庭院，也涉及其他庭院类型的特征和创意。大部分小庭院的设计与建造并不会完全局限在某种特定风格内，本书旨在让大家了解小庭院的造园手法，使其变得美丽、实用、激动人心。

小庭院风格

不规则式

↘ 此类小庭院让人产生闲适之感，氛围轻松随意。它们的设计规划呈不对称状，花坛的形状也不规则，露台和小径蜿蜒曲折，灌木和乔木自然生长，其他点缀植物杂处其间，更是增添一丝不规则感。创造此类庭院时，请避开直线设计。

规则式

↘ 规则式庭院的植物及小径和露台边缘呈现出直线或对称曲线，其规整源自季节性植物，如春季的球根植物、二年生植物及整个夏季的半耐寒植物。如此规划园艺设计，配色可以年年不同（详见第36~37页）。

地中海式

↘ 炎炎夏日伊始，许多园艺师都会思念起地中海度假时体验到的万里碧空、和煦的风和丝丝细雨。在庭院设计中，如果想体验到那种感觉，可将叶片为银色或带有香气的灌木种植在花盆、窗槛花箱和吊篮中组合起来，银色叶片能够反射炽烈的阳光，而有香气的叶片表面之上自带蜡质层（详见第26页）。

日式

日式庭院洋溢着安宁沉静的气息，简洁而精致，通常包括将砾石、水、小型乔木、竹类和盆栽植物等设计元素。有些小庭院自带小型喷泉和水池，但倘若院中难以安排此类水景，也可通过彩色页岩营造流水幻象（详见第27页）。

英式花境

↘ 此类花境在整个夏日都会呈现出一派闲适、不规则、繁花似锦的景象，花境主要种植多年生草本植物（详见第20~21页）。

水景园艺

庭院水池的形状大小可与庭院相称，如果空间有限，可考虑制造水流轻轻溅上卵石的水盆或迷你卵石水池。若是家中有年幼好奇、容易跌进大水池的孩子，则需要慎重考虑这种设计。

你也可以使用喷泉或采用壁饰喷泉形成一定落差，如狮头壁饰喷水口。然而，需注意避免水溅到睡莲上。

前院

无论多么窄小，前院都可以成为一片魅力无限的空间。如果门前没有小片的种植区，可用圆石子铺就迷人的形状，也可以为盆栽植物打下基底（具体设计详见第28~29页）。

盆栽植物让前院充满生机

如能够设置花坛，可种植普通月季以向上延伸空间；若是空间允许，可种植垂枝月季以衬托老房子的华丽。

若泊车区域影响了前院空间，可考虑使用砾石或铺路板。在较厚实的基底上也可灵活使用其他适宜的铺路材料。

盆栽

窗槛花箱用色彩
装点窗台

用吊篮的色彩装扮
视平线高度

草莓盆栽总是那么
引人注目

在露台以及房屋的其他小角落种植盆栽、摆出引人注目的造型，是园艺让生活更美好的功能体现。部分植物展示是季节性的，在桶里种植灌木、乔木和竹类则可成为四季常青的特色（详见第28~29页）。

阳台和屋顶庭院

阳台比屋顶庭院更受欢迎，因为从实用角度考虑，后者需要结实、防水的地面（可能还须经批准）。不过相比之下，在公寓楼种植盆栽更为合适，只是种植时，须确保植物不会从阳台坠落，且容器不会在狂风暴雨中被吹走。在阳台基底上安置花槽，让茎爬上栏杆生长，这样从下面就能欣赏到植物丰富的色彩。

可轻松地为阳台增添色彩

屋顶庭院是夏季休闲的好去处

维护工作较少的庭院

无论庭院大小，对快节奏的家庭来说，养护省时省力非常重要。精心设计，使用机械设备皆可缓解时间压力。如，可打造便于机械修理的草坪边缘，一年下来就能节省许多时间。本书还会提供一些节省庭院维护时间的小诀窍。

静谧感和私密性

庭院日益成为户外生活区域，同时需保证静谧感和私密性。采用屏障、栅栏和墙体能够轻松实现与身高差不多的遮蔽，但这难以防止邻居或其他什么人从高处轻易窥探。为防患于未然，可采用附于房屋之上的专用遮阳篷，也可选择枝叶茂盛的藤蔓花棚，或者在庭院深处造一座凉棚也是不错的选择。

在庭院栽种可食用植物

在小庭院中种植盆栽果蔬总会吸引无数眼球。苹果树可在桶或大花盆里种植，草莓可在圆桶或吊篮里种植，土豆、生菜和番茄可在种植袋里生长。在小片区域，如栅栏或墙面上，将果树培育成单干形、墙式或扇形也能节省空间。

野生庭院

野生庭院无需太大面积就可以吸引蝴蝶、其他昆虫以及鸟类和小型哺乳动物。

具有治愈功能的花园

除了药用之外，植物广泛影响着我们的日常生活，如花朵的颜色对人的影响。据称，大片红色会升高血压、加快脉搏，而蓝色则有舒缓心情的效果；芳香、声音、形状和纹理，对我们的生活都有不同程度的影响。

适合小庭院的植物

**哪些是最佳
植物类型?**

许多植物都适合小庭院,从球根植物、微型岩生植物到多年生草本植物、夏季开花的植物和迷你或缓慢生长的矮生针叶树。除此之外,还有一些小型灌木和乔木也很适合空间有限的区域,但比起生命较短、几年间可以轻易移栽的植物来说,灌木和乔木需更加谨慎地进行选择。

美妙的花叶相结合,光彩夺目。

可考虑的植物类型

植物如此之多,你也许已经眼花缭乱,如下奉上选择小庭院植物的小贴士。

- 迅速成活的植物能够确保花园在短期之内就披上鲜艳夺目的色彩和形状。能否迅速成活取决于栽种前整地的情况、所选植株是否健康(选购注意事项详见第17页)。
- 生长缓慢的植物能够确保其周边植物及整个庭院不至于短时间内就变得凌乱。
- 不具入侵性是选择小庭院植物的基本要求,否则会堵塞下水道或迅速侵占隔壁庭院。
- 有两种或以上观赏特征的植物非常适合打造小面积的迷人花园。
- 产生较少废弃物对城镇庭院植物来说是基本要求,此类地区处理园艺废弃物较麻烦。
- 不招致害虫、诱发疾病的植物较为理想,应避开招惹害虫、诱发疾病的植物。

植物能活多久?

一些植物的生命无比短暂,每年都需重新栽种,有的则能多年生长。

一年生:生命短暂——从种子开始栽培,同年开花、死亡。

二年生:头年从种子开始栽培,次年开花、死亡。

多年生草本:3~4年后分株——每年秋天地上部分枯死,次年春天再次发芽。

灌木:10年或以上——木本,多年生,茎从土中长出,但无树干。

乔木:20年或以上——木本,有一根主干(树干)连接根系和树枝。

藤蔓植物:一年生(见上)、草本(见上),或为可存活10年或以上的多年生木本植物。

针叶树:15年或以上——乔木或灌木型,常绿或落叶。

竹类:15年或以上——丛生,竹竿笔直,空心。

岩生植物:3年或以上——从高山品种到小型花境多年生植物,种类非常丰富。

球根植物:生命短暂——但周围会发出新球根,最终长大开花。

针叶树大战!

请不要在庭院中栽种生长较快的绿篱针叶树杂扁柏(Leyland Cypress),不出10年即须移栽。

避开竹类大麻烦

在庭院里栽种竹类是很棒的选择,富于色彩变化的竹叶和竹枝全年都会呈现出变化无穷的趣味。但需注意,部分竹类的根部具有入侵性,以下为避开此类问题的对策。

选择高枕无忧的竹类品种(详见第52页)。

种植适合盆栽的竹类品种(详见第52页)。

为竹类安装屏障(详见第52页)。

图解植物类型

小庭院可以和大型庭院一样色彩缤纷、激动人心。实际上，比起大型庭院中同等大小的区域，五颜六色的小花园更吸引人。其成功的秘诀在于精心设计、选择合适的植物，这本图文并茂的园艺指南将会帮助你打造一座激动人心的小园子。

灌木

在小庭院中可种植小型常绿或落叶灌木。有些灌木，如短筒倒挂金钟（*Fuchsia magellanica*）不耐霜寒；而常绿的洒金桃叶珊瑚（*Aucuba japonica* 'Variegata', Spotted Laurel）等植物全年都呈现出美妙的色彩；小型的奥林匹亚金丝桃（*Hypericum olympicum*）是一种生长缓慢的植物，仲夏和晚夏会开黄色花朵。

小型乔木

许多乔木生长缓慢，一些拥有圆顶形态、垂枝，如"杨氏"垂枝桦（*Betula pendula* 'Youngii', Young's Weeping Birch），尤为迷人。此类桦树有助于增强庭院的整体感，也可作为孤植标本树在草坪上栽种。

藤蔓植物

大花铁线莲是小庭院格子棚架的理想植株，品种多样、色彩丰富，可选择余地大。

墙基灌木

常绿的美洲茶属植物（Ceanothus）非常适合在晚春和初夏时为墙面装点色彩，种植时需选择能够遮风挡雨、日照充足的墙体。

盆栽植物

适合长期盆栽的植物，如落叶、低矮、冠圆球状的"深裂紫"鸡爪槭（*Acer palmatum* 'Dissectum Atropurpureum'），叶片红褐色至红色，深裂。

岩生植物

小型岩生植物非常适合有限空间，较小区域中可种植不同类型，也可加入小型球根植物和生长缓慢的小型针叶树。

多年生草本植物

此类植物中许多适用于小庭院，如萱草属植物（*Hemerocallis*, Day Lilies）以及美妙的柔毛羽衣草（*Alchemilla mollis*, Lady's Mantle），这些植物非常适合沿着小径和花境边缘种植。玉簪也是适用于花境的植物，亦可在露台盆栽。

生长缓慢的小型针叶树

这些多种多样的常绿植物具备矮生或生长缓慢的习性。可在岩石园种植或与欧石楠混合栽种，也可沿着小径独立栽培。

春季开花的植物

将郁金香和桂竹香组合在一起，定能为春日花坛和花境增添亮色。这些都是廉价植物，每年更换很容易。

夏季开花的花坛植物

此类植物每年皆需播种，种类丰富多彩，如矮牵牛花、半边莲和万寿菊。

果蔬香草

你可以在花盆里种草莓，也可以在能挡风的花坛里种植许多可食用的沙拉作物。矮化砧木使得在小庭院栽培苹果和其他果树成为可能。

水生植物

水缘和水生植物可在水池边缘或水中栽种，不同品种的睡莲需种在不同深度的水中。

竹类

一些竹类身材娇小，既可栽种在庭院土壤中，也可放进装饰性容器作为盆栽，多个品种都有多姿多彩的叶片和竹竿。

选择基础设施

与规划大庭院相比,小庭院每平方米基础设施往往有更多经费。除此之外,由于面积较小,小庭院更需要直接而突出的视觉效果。园艺中心、建材市场及杂志和报纸一览表都能看到设计所需的材料。

检查栅栏

也许房子自带迷人的小庭院,入住之初无须进行大调整,但如果家里有孩子或宠物狗,则应检查栅栏的安全性。

· 地面上的栅栏立柱如有破损,可锯除柱基,换上尖头金属柱基。也可将混凝土或木质立柱装入结实的木材,重新用混凝土浇筑进地下。

· 如三角栏杆接合处与垂直立柱受损,可用螺丝将金属支架拧进立柱,并确保结实、牢固。

· 三角栏杆横向折断处,同样也可用金属支架修复。

墙面覆盖满月季、铁线莲和金银花等的开花藤蔓植物,既可以丰富色彩,也可以增添一丝闲适感。

可选用的结构元素

· **铺设甲板:** 抬高或水平——见第71页。

· **边缘:** 选择丰富多样,如混凝土或木质材料——见第77页。

· **小径:** 不同选项具有不同的表面和耐久性——见第64~65页。

· **露台、院落和平台:** 多种选择——见第66页。

· **藤蔓花棚、格子棚架和拱门:** 适用于小型庭院——见第74~75页。

· **门廊和入口处:** 装饰性特征——见第76页。

· **工具棚和温室:** 实用特色——见第78~79页。

· **台阶:** 实用且迷人——见第70页。

· **栅栏和墙体:** 庭院周边——见第68~69页。

应对黏土问题

高温加之夏季降水少会导致黏土迅速干燥,若是露台或小径的铺路板仅有一层薄薄的混凝土地基,最终会变形或沙化。若想长远解决问题,需揭开所有铺路板,为整个露台或小径铺入更厚的基底。

垃圾处理

处理庭院垃圾令人心烦,但有几种解决方案可供参考。

· 租用装卸车——请确认装卸车可否停在公路上,是否需要灯光,通常有小型和大型两种装卸车可供选择。

· 建材麻布袋——越来越多人开始用它运输建筑材料、收集垃圾,约1米见方,很深,可在当地建筑商处购买。

· 地方官方机构——可能会提供垃圾处理服务。

基础设施示例

小庭院

↘在不规则庭院中，我们可以融入各种各样特色，在精心设计中打造闲适的氛围。此处焦点为藤蔓花棚。

角落处藤蔓花棚，引人注目、别具匠心

较大的花槽或花台，观者一眼就能发现其中的植物

由大圆石子砌成的车轮状烹饪香草园

精致拱门，布满色彩斑斓、不具入侵性的藤蔓植物

不规则的砖石小径，方便人们在各种天气中进入藤蔓花棚

观叶植物组合，为夏日增添趣味

小型前院

↘大多数小型前院都较为正式，植物整齐地沿着路边成排种植，门廊成为小径焦点。

自然的石槽，种有高山植物、小型球根植物和小型针叶树

生长缓慢的针叶树

狭窄的花台，种有夏季开花的花坛植物

迷人的门廊，为前院焦点

繁花似锦的吊篮

小型薰衣草树篱

小型后院

↘院落是夏日休闲好去处，也是栽种植物的好地方。院落应是能够保证私密性的区域，具有隐蔽性。

院落地面间隙，用于种植小型木本藤蔓植物或灌木

一套悬挂式花盆和吊篮，种满夏季开花的花朵

圆石子铺设的区域，与方方正正的铺路砖相映成趣

角落的吊篮和其他铁丝植物支架

人字形图案砖块，与铺路砖和卵石形成鲜明对比

小型水景，水流涌入砖砌的防水基底

选择时请考虑植物

选择合适基础设施时，需综合考虑植物的情况做决定。

· 如果希望植物营造闲适氛围，可选择不规则庭院种植竹类、蕨类以及观赏草等植物。

· 若想规整地展示夏季开花的花坛植物，则需设计规则式庭院。

屋顶庭院基础设施

由于要面对持久的狂风和暴晒，屋顶庭院并没想象得那么容易建设，但这也是园艺工作中令人兴奋的挑战。此外，请考虑如下构造问题。

· 建造屋顶花园，可能需要获得房屋主人以及当地官方批准。与此同时，还请征求邻居同意。

· 轻质地面，但需结实——若不确定，请咨询结构工程师。

· 花盆及其他容器盛满培养土或浇水后很重。

· 注意别损坏屋顶油毛毡。

· 确保排干多余水分。

· 屋顶庭院通常会使用坚实的防风屏障抵御强风，确保屏障不会被风吹倒，以免造成人员财产损失。

充分利用阳台空间

阳台空间比屋顶庭院更容易遮风挡雨，地基结实稳固。然而，日照位置可能会导致培养土迅速变干。

· 阳台若无屋顶，请安装便于装拆的遮阳篷。

· 若阳台有屋顶但日照强烈、时间较长，可在上部边缘安装饰边遮挡。

· 为确保水不会滴到行人身上或下面阳台，可将花盆放在较大的塑料托盘中。

挑战和机遇

各类场地都能成为迷人的庭院吗？

各类场地都有独特的挑战和机遇，可能最初看似毫无希望的环境却可以造出妙趣横生的庭院——独树一帜，个性非凡。用拱门、格子棚架、藤蔓花棚提升空间高度可将人们的注意力从庭院狭小低矮的空间转移开来，而陡坡上较平坦的区域则成为别具一格的休闲场所，尤其是晚上被灯光照亮时，充满诗情画意。

用藤蔓植物覆盖乏味裸露的墙体，吊篮和窗槛花箱均可如此使用。

一年生植物每年春季播种，营造廉价却多姿多彩的花海。

抬高的甲板非常合适打造特色景观，如可以沿着小溪流或色彩斑斓的庭院水池。

空间太小？

从理论上来说，若想打造一片植物可以生长的区域，对最小面积还是存在一定要求的。然而，公寓楼一层入口处或其他空间和光线条件先天不足的地方，也不乏成功的庭院案例。在较小区域中，很难实现过于理想化的设计，但放上几个装饰性花盆，再装上吊篮、窗槛花箱，同样也可以实现和昂贵整齐的草坪一样出彩的效果。

发现机遇

在庭院中发现潜在机遇的能力，从某种程度上来说源自参观当地或全国各地的庭院。一些较大的展示庭院甚至会为特色小庭院划出专区，哪怕一款称心如意的都没有，你还是可以在自家庭院姿意施展才华。随身携带速写本或相机，及时记录能让你获得更多灵感。

晾衣绳问题

多年前，新家里空荡荡的庭院最需要设置的晾衣绳。但挂晾衣绳往往会影响庭院主路的位置及走向。所幸如今旋转式衣物干衣机能够解决晾衣问题，即使原来的庭院中有位置不合适的晾衣绳，也可以轻易移开，用混凝土浇筑到合适的位置。

阴面还是阳面？

搬入新家时，庭院的朝向往往不是我们能决定的。完全暴露在日光之下，还是得到树木或附近建筑物荫蔽，全凭运气。其中既存在问题，也隐藏着机遇。有些植物喜阳，有些则喜阴。许多植物喜光照还是适合阴凉处等习性都详细记录在植物指南中了（详见第36~61页）。

庭院中各部分日照和荫蔽程度每日每时都在变化。

全日照： 许多植物在全日照环境中会枝繁叶茂，若定期浇水效果更佳。原生于炎热地区、习惯炎热气候的品种很适合栽种在这种位置，如叶片带有银色绒毛或芳香的植物。尽管如此，栽培时还是需要精心照料。定期浇水、每年护根，是保湿需要做的两项工作。

半阴： 许多植物在斑驳的阳光和日照交替的环境中会茁壮生长。除非上方有大树伞盖遮蔽（但这也会剥夺其他植物的水分和营养），光线最充足的时候是日中。

完全庇荫： 许多装饰性庭院植物在浓阴中无法茁壮成长或表现出引人注目的生长特征。若非建筑物遮挡，仅是树木伞盖厚重，可将其修剪得稀疏一些。

形状棘手的场地

狭长

↘可将其划分成几个具有不同特色的单元，缩短庭院的纵深感。小庭院中，独立式格子棚架，可与枝繁叶茂的拱门结合起来，比浓密的绿篱更节省空间。可让连接庭院的小径蜿蜒曲折，让观者从屋中无法看到庭院最顶端，制造神秘感。

短而宽

↘可立起一人高的屏风，使其爬满枝繁叶茂或开花的藤蔓植物，模糊界限。同时确保屏风高度适宜，足以让观者瞥见庭院之后的空旷地带，这样能够消除封闭感。修剪整齐的草坪能让人产生空间感，挨着屏风摆放长凳则能够形成焦点。

陡坡

↘陡坡能够为花园增添一丝趣味，但爬坡可能会比较艰难——对年迈者来说尤为如此。在一段6～8级的台阶之间修砌供人休息的平台，斜坡就比较容易被接受。

　　在斜坡上打造一处休闲平台，可将其分成几段。如有可能，请将这一景观特色安排在从房屋附近露台望去约一人高处。

梯田式斜坡

砖砌挡土墙十分规则，适合较为开阔的区域，旧枕木则更适合种着欧石楠和落叶杜鹃的休闲式不规则的场地。泥炭块是另一种挡土方式，但不适合陡坡。在开阔区域，可在斜坡上种草，平坦区域同45°斜坡交替出现。修剪斜坡草地，用悬浮式割草机再合适不过了。

土壤问题

　　不同土壤性质各不相同，大部分为中性，既非酸性，也非碱性。有的排水较好，还有的容易积水。有时，土壤还会变得又热又干。植物对土壤的特殊要求请参阅植物指南（详见第36～61页）。

- **酸性土壤**：此类土壤pH值大致低于6.5，冬天翻土后在土表撒上熟石灰或石灰石粉末可以改善酸度。然而，有些植物——如杜鹃花属植物和杜鹃则适宜在酸性土壤中栽种。

- **碱性土壤（白垩土）**：此类为pH值高于7.0的土壤，白垩土可通过使用硫酸铵等酸性肥料和泥炭来改善，许多植物适宜在白垩土中生长。

- **中性土壤**：此类土壤pH值为7.0。不过，大部分植物在pH值6.5～7.0的土壤中长势较好。

暴露多风的场地

　　新栽培的植物和已有植物常常遭遇严寒或灼热的风破坏，可使用绿篱风障保护庭院中娇嫩的植物——墙体形成屏障，让微风可以穿过背风面，还可抵御强风。

海滨庭院

　　在海岸地带和内陆几公里或几英里内都有带着盐分的风，一些植物能够承受这种环境，而有些植物的叶片则会受到损伤。在温暖地区，能长成迷人绿篱的海岸植物包括短筒倒挂金钟（Hardy Fuchsia）和多枝柽柳（*Tamarix ramosissima*, Tamarisk, 亦称 *Tamarix pentandra*）。

设计与规划

是否有必要详细规划?

在许多人眼中，自家庭院只需以继承的院子为基础不断发展或直接延续使用。而如果你从头开始打造庭院，规划大型基础设施就是必不可少的步骤，如有必要，还可细致规划出园子的大小、形状以及草坪的位置。用铅笔画出灌木和乔木的位置和大小也有助于选择植物品种。至于如何为小庭院选择植物，请参阅植物指南（详见第36~61页）。

测量斜坡

若无专业设备，不同高度的差别也许难以判断。不过，家庭园艺活动可用软管测量斜坡。在最高处插一根立柱，将软管的一端系在立柱上，再将另一端带到较低处，抬高（系在另一根立杆之上）到同样高度。在软管中注满水，直到两端都充满，可在两端各套一截透明的塑料管辅助判断。软管两端的水面高度相同，即可判断斜坡与地面的高度差。

绘制规划区域

若是规则形状，直接将庭院大小形状直接转移到绘图纸上即可。若是不规则轮廓，可使用软管围出不规则形状。在两根木桩上系绳子，作为不规则形状的中线。用规则间距测出中线到房屋的距离，然后将尺寸转移到绘图纸上。

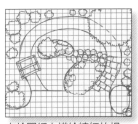

在绘图纸上描绘精细的规划图

在设计图中做标记

在绘图纸上标记庭院的形状和大小之后，即可将心仪的设计（见上图）置入规划图中。先多复印几份图纸，以便画出不同版本的草图。

搜集灵感

论及庭院特征的选择，全体家庭成员都会认为自己是天才。家庭参与度很重要，不过，倘若人人各有偏爱，则难以抉择，此时较理智的做法是列表排出优先度。

规划家庭庭院时，请记住，短短几年后儿童游乐区就不再需要了。因此，最初规划这片区域时，最好采用便于改成另一景观的形状，如庭院水池或岩屑堆花坛。

暴风雨积水

由于全球变暖日益严重，我们有必要考虑如何引出暴风雨后的地表积水。简单说来，需将水流从房屋和地基引开。若有可能，避免让水在铺路区域肆意流淌或从通风砖和门进入房屋，而是要安装排水管或让水渗入泥土。

水阀和排水管

在图纸上标出水阀和井盖，为供水主管道设置的水阀往往位于房产边界处，临近人行道或马路，这些无法移动。排水检修孔同样无法移动，但井盖是可以抬起来的，可并入车道或停车区域，这项工程通常由建造商来做。

庭院设计规划清单

应做之事:

✔ 请为小型庭院选择生长缓慢的小型灌木和乔木，若是过度修剪大型灌木和乔木使其显小，效果不佳。

✔ 创造一座独一无二的花园——第6~7页描述了各种各样的类型。

✔ 请为小型庭院培育节省空间的靠墙果树，也可在露台的大容器中盆栽果树（详见第58~59页）。

✔ 请为庭院安装照明设备，便于尽享夏夜户外生活（详见第16页）。

规避之事:

✘ 请勿在距离边界不及绿篱宽度一半处栽种绿篱。

✘ 请勿在边界处种植枝枝蔓蔓的乔木，邻居有权将枝蔓修剪掉。如此一来，树的形状便不美观了。

✘ 请勿在边界处种植具有入侵性的竹类品种（非入侵种类详见第52页）。

✘ 设计排水系统时，请勿将水引入邻居的庭院。

✘ 请勿卡在边界线上修筑露台或平台，如此一来，就不便立起栅栏或格子棚架。

全副武装

　　购买适合自己身高体格的优质园艺工具，是为生活投资，让你使用时更加顺手。请在财力允许范围之内选购最优质的工具，不锈钢材质的工具昂贵但经久耐用，但也有其他类型，如表面经过阳极氧化处理的工具，用后若能定期清洁并贮存在干燥、通风较好的工具棚中，同样也持久耐用。园艺铲和叉状钉耙都有不同大小的规格，均有手持类型供选择。

园艺工具贵吗?

基本园艺工具

挖土和整地

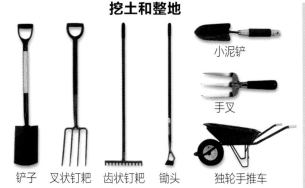

铲子　　叉状钉耙　　齿状钉耙　　锄头　　独轮手推车

小泥铲

手叉

　　园艺铲和叉状钉耙主要用于挖土，齿状钉耙用于平地。荷兰式推锄用于在土表之下清除野草、翻松表面，除草锄用于开辟条播沟，也可用于锄地、除草。

浇灌庭院

　　植物幼株种下去之前，必须用洒水壶把土壤浇湿——之后也要按时浇水。若是大规模灌溉，可结合软管和喷洒装置，这样更便捷。

洒水壶

草坪工具

草坪钉耙

园艺修边刀

修边剪刀

　　去除枯草枯叶、铺匀蚯蚓粪，尖齿为弹簧、塑料或橡胶的草坪钉耙是非常趁手的工具。园艺修边刀用于修剪草坪边缘，修边剪用于修剪边缘的长草。

修枝和修剪绿篱的工具

短柄枝剪　　长柄枝剪　　绿篱剪刀　　园艺修枝手锯

电动绿篱剪

　　短柄枝剪，无论是"分叉式"还是"刀砧式"，都是用来修枝的，园艺修枝手锯和长柄枝剪也是。大剪刀很适合修剪绿篱，电动剪刀对大片绿篱来说最合适不过。

温室

　　温室必备花盆和播种盘，挖穴器和刀是必不可少的，长嘴喷壶也派得上用场。

园艺工具采购注意事项

　　采购园艺工具时，请务必检查重量，体验手感，避免用起来不顺手。市面上有为习惯用左手的人设计的枝剪，这为习惯用左手的园艺师带来了极大便利。

安全第一

　　园艺工具对人对己都有一定的危险，使用时请放在安全处，避免绊倒自己或他人。尤其是金属长柄钉耙，应避免踩上去突然竖起的情况发生。

清理和储藏

　　使用园艺工具后及时清洗可延长其使用寿命。闪亮的金属表面需先晾干，再用油抹布擦拭。木质和塑料手柄则需清洗晾干。不用时，请将工具贮存在干燥、通风良好的工具棚中，最好挂起来。

园艺铲

　　园艺铲是用途最广的园艺工具，种类丰富。铲子有几种不同的尺寸：用于挖掘的铲子刀片约为27cm×19cm，用于花境的则为23cm×14cm，市面上常常被称为"女士铲"。一些铲子的刀片顶部边缘有辙状的脊，挖掘时可以施加更多压力，但这也让它们更难清理。

　　大多数铲子的手柄均为72cm，不过也有82cm的。有三种不同的手柄类型，T形、D形以及D－Y型（最受欢迎的一种），可依个人喜好选购。

庭院照明

在庭院安装庭院照明设备值得吗？

庭院照明设备——无论是露台、花境、树丛中、装饰性水池周围还是水下的灯光，都越来越受欢迎，它们能让庭院或露台更加迷人。另外，秋季色彩丰富的落叶树和冬季打霜的茎，也可用灯光照亮。对喜爱烧烤的人来说，露台灯光必不可少。

露台

低处聚光灯或灯柱能让露台和平台边缘发生改观。同样，配有灯具的桌子用于夜间休闲很有效。在露台上，请勿随意悬挂线缆。

花境

整个夏日直至秋季，各类花境，无论是仅有多年生草本还是混合多种植物品种，都会在灯光中显得更加美妙。若在植物上方安放照明设备，花朵和色彩丰富的叶片会进一步显现出别样的特质。除此之外，边缘处添置少许灯盏能制造迷人的阴影效果。

装饰性灯具很适合露台和平台。

水池周围

无论是与露台融为一体还是作为草坪中的亮点，有策略性地在庭院水池附近摆放灯具也可加强效果。如果水池有瀑布或跌水注入，同样可以使用照明设备。喷泉有一定宽度，且伴随各种各样的喷水形态，也在照明中显得更美。

池中

水下照明——如红色、绿色、琥珀色或蓝色，都会让装饰性水池颇有新意。有些设备发出的光可以形成一道变换光线的彩虹。安装时，请务必保证灯具牢固安全。

乔木和灌木的泛光照明

壁式和柱式灯具可照亮大片区域，也可在树间挂上一排40个灯泡的低功率彩灯。在许多花园中，少量向上或穿进树枝打光的白色聚光灯也会让院子魅力十足。

照明类型

灯光的特点和强度都受到电源影响——总电源供电、电池或太阳能。

• **总电源供电**：这种电源提供最强、最具有穿透力的光，适合大型装置和强力聚光灯。安装时也最需要小心谨慎。

• **电池电源**：电池的型号和质量决定光线的强度，随着电池消耗，光线越来越暗。无论如何，这是安全的露台或平台照明的方式。

• **日光电源**：这种光线穿透力较弱，但用于边缘照明非常实用，安装在露台、小径或水池周围皆可。利用日光是福利，运作成本也比较低。

◤聚光灯非常适合特定植物以及夏日夜晚的露台照明。

◤安装在较矮支柱上的弱光灯具适合为露台或庭院水池四周照明。

◤灯笼形电池灯具外观极具装饰性，可挂在露台周围的树木之上。

安全第一

电与水无法和谐共处，所有带电装置皆须经由专业电工师傅安装检查。比起主电源供应的直流电，使用变压器降低电压更能为你自己和家人降低风险。

别冒险，电器方面永远安全第一。

选购植物

如果土壤和气候允许，全年任何时候都能选购并栽种植物（关于选购时机详见下文）。然而，对大部分园艺师来说，春天是栽种的好时机，植物可以在秋天不利气候来临之前扎根成活。而裸根灌木和乔木需要在晚冬或早春休眠时栽种。

何时选购植物？

何处选购植物

务必从可靠的销售商处购买植物——无论是灌木、乔木、多年生草本植物还是球根和花坛植物。购买时务必检查植物信息标签是否正确以及植株的健康情况。

园艺中心：园艺中心一般出售盆栽植物，最好开车去采购，不过有些也会提供本地送货上门服务。前往园艺中心时，如果发现该园艺中心看上去疏于打理、缺乏生气，那么其中植物的情况也不容乐观，最好的方法就是换一个园艺中心。

苗圃：苗圃出售裸根栽培植株以及盆栽植株。盆栽类全年都有，裸根栽植类型仅在晚冬和早春出售。你既可以选择自己上门提货，也可预约送货上门。

当地商店和集市：这些场所出售各类植物，从盆栽灌木、多年生草本到二年生草本和球根植物，应有尽有。不过请记住，采购前务必仔细了解植物的健康情况。

网购：裸根灌木、乔木、月季以及盆栽灌木，许多都可以通过网络渠道采购。电话、传真或邮件皆可下单，用支票或银行卡支付费用。大部分提供网购服务的公司都享有良好声誉，但请别忘记，网购的植物并非亲眼所见，存在一定的风险。

灌木和乔木采购注意事项

盆栽出售的植株
↘需检查并确保栽培土中没有苔藓，也没有大量根须从容器排水口伸出来。

裸根出售的植株
↘需检查并确保根系未受损伤。一般情况下根系被会包起来，以防变干。请从声誉较好的商家采购。

包裹根泥团出售的植株
↘此类植株的根部紧紧包裹在麻布中，需检查并确保购买的根泥团是扎紧的、无栽培土漏出，根泥团应微湿润。

包裹聚乙烯出售的植株
↘茎、芽应健康，根部应有保湿材料。拿到后应尽快去除外包装。

采购时间

· 盆栽灌木、乔木、藤蔓植物以及墙基灌木全年皆有出售。

· 裸根灌木、乔木以及墙基灌木在晚冬和早春时出售、栽种。

· "根泥团"常绿灌木和针叶树在晚夏、早秋或春季时出售、栽种。

· 草本植物主要在早夏时出售。

· 夏季开花的花坛植物在晚春和早夏时出售。

· 岩生植物常常在盆栽形式在春季和早夏出售。

· 春季开花的球根植物在晚夏和早秋出售，拿到后需立即栽种。

· 春季和早夏开花的二年生植物在早秋出售，拿到后需立即栽种。

· 水景园植物通常在早夏出售。

护送植物回家

开车带着植物回家时，为了确保安全，应避免孩子或宠物也在同一辆上！应该专门去买植物而不在买别的东西时顺便买植物。同时，请在座位上铺上塑料布，防污隔潮。

无法立即栽种怎么办

如果土壤和气候条件不适合立即栽种，裸根灌木和乔木是可以"假植"的。

· 选择庇荫位置和较为湿润的土壤。

· 挖一个30~38cm深的沟，沟的一侧需有可避开盛行风的一面斜坡。

· 去除包装，将根系放入坑中。

· 将疏松土壤洒在根系上，轻轻压实；若较为干燥，少量浇水使之湿润。

· 如此可将植物保存数周，静待适宜栽种的土壤和天气到来。

植物养护

植物需要定期养护吗？

植物的一生都需要你精心呵护。露台上夏季开花的盆栽花坛植物需要定时浇水，还需摘下枯萎的花朵，需要保持草坪平整、修剪边缘；与此同时，还需要确保篱笆桩不会摩擦乔木的树皮。若想在庭院中打造出引以为豪的景致，园艺师全年都要悉心呵护植物，这样花园才会有四季不同的风景。下文将为大家展示如何养护各类植物。

吊篮、窗槛花箱、花槽和桶中的夏季开花的植物需要每日浇水，天气炎热时更是如此。

是否所有植物皆需养护？

园艺植物大都生长在人工环境中，而这些环境常常与原生环境大不相同，不过，它们的适应性使其在与原生环境不同的条件下依然能茁壮成长，若是精心呵护，它们会更加繁茂，尤其是年幼植株或尚未扎根的植株。

有的植物可以年复一年地创造丰富多彩的景致，还有的则只在夏日短暂地绽放几个月。

无须太多养护？

比起花境或盆栽、露台中夏季开花的植物，如吊篮、壁式花篮和窗槛花箱中栽种的类型，乔木、灌木和针叶树所需的养护工作更少。若不定期浇水，夏季开花植物很快就会枯萎。

盆栽植物

· 夏季定期浇水。

· 为促进开花，一些夏日开花的植物需掐除生长锥。

· 摘除枯萎的花朵，促进其他花朵绽放。

· 定期为吊篮、窗槛花箱、壁式花篮和桶中植物浇水施肥。

· 如在桶和大花盆中栽种灌木和乔木，冬季请覆盖培养土，避免过于潮湿。

冬季，用聚乙烯膜覆盖桶和大花盆中的培养土，避免过于潮湿。

冬季，用稻草包裹大容器中柔嫩的灌木。

绿篱养护

· 确保绿篱幼苗根部附近没有杂草——杂草会抢夺植物的水分和养料。

· 春季重新夯实绿篱幼苗的土壤——用鞋跟踩实。

· 浇灌绿篱幼苗，促进快速成活。

· 定期修剪规整的绿篱，保持整洁形状。

· 尽快去除积雪，可用竹竿或软刷。若不清理，积雪的重量会将绿篱压变形。

· 大叶片不规则绿篱，需用短柄枝剪修理枝枝蔓蔓的新枝丫——请别用绿篱剪刀，以避免误剪其他叶片。

草坪养护

· 夏日草坪需要定期灌溉——尤其是新栽种的。

· 夏季需修剪草坪。如果夏季干燥、炎热，请将草叶留长一些，并减少修剪频率。

· 修剪草坪边缘，保持草坪整洁。请将剪下的边缘部分拾起扔掉。

· 整理翻松土地，除此之外，秋季请用钉耙将乔木附近的落叶清理干净。

· 晚夏或早秋，为草坪翻土施肥。

用修边剪刀沿着草地边缘修剪长草。

修复草坪空洞

1. 首先将一块25~30cm见方、厚12mm的木板放在空洞上，用园艺修边刀沿边切下。

2. 将这块草皮取出，平整土地。

3. 在不影响美观的地方，用同一块木板切下一块方形草皮。

4. 将新草皮置于空洞处（见右上图），将疏松泥土洒在接合处，夯实并浇水。

修复草坪边缘

1. 将一块宽20~23cm、长30cm、厚12mm的木板置于损伤区域。

2. 用园艺修边刀沿木板边缘切下。

3. 取出这一丛草，转动位置，使得受损区域转向草坪内部。

4. 将疏松的土壤洒在损伤区域，夯实土壤，撒上草籽，温和地浇水。

平整草坪凹凸不平处

1. 先用修边刀在凹凸不平处笔直地划一刀。

2. 再用修边刀每隔23cm划出几条线，与第一条形成直角。

3. 揭起草皮，添加或移走一些土壤。

4. 重新放回草皮，夯实，将疏松的泥土洒在切割边缘处，浇水。

修剪粗枝

1. 先在粗枝基部下方距离根颈约5cm处，切入约1/3。

2. 然后再从略前方2.5cm处的上方切下。

3. 最后将残枝从树的根茎外围切下。

水池维护

- 夏日蒸发会导致水位下降，可能有损植物生长，因此需保持池水充盈。

- 如果水池需要清空打扫，请选择早夏温暖的日子——切记先转移池中鱼群。

- 秋季需清理池面落叶，还需摘除水生植物的枯叶。

草本植物养护

- 晚秋或早春，清理枯死的茎和支撑物，如树枝木棍。

- 春季轻轻用叉状钉耙翻土，为土壤浇水，覆盖护根物。除此之外，需为一些植物安装支撑物。

- 整个夏季，需不停地摘除枯萎的花朵，还需保持土壤湿润，气温越高时越需要注意。

一年生花坛植物养护

- 这些植物为早夏栽种（霜冻风险过后），请保持土壤湿润，气温较高时更需注意。

- 仲夏在植物周围撒一些通用肥料（但别撒到植物上），温和地浇水。

- 秋季拔起所有植物，置于堆肥堆上。

二年生植物养护

- 早秋尽早栽种，可在其间种植球根植物。

- 为土壤浇透水，确保植物在秋日艳阳中依然生机盎然。

- 早春，重新夯实植物附近而霜冻而变得松散的土壤。

- 等植物生命周期结束后拔起扔掉。

灌木养护

- 春季，轻轻用齿状钉耙翻松成活灌木附近的土壤，浇透水，覆盖厚7.5~10cm的护根物。

- 炎炎夏日，定期为土壤浇透水，尤其是正处于花期的灌木。

- 必要时修剪灌木。

图中为大叶醉鱼草（*Butterfly Bush*），此类植物每年皆需修剪。

剪除花叶类型常绿灌木的"返祖遗传"新芽（即非花叶特征的新芽）。

大多数月季需每年修剪，以促进新芽和花朵的生长。

花园

五彩缤纷的花园能否梦想成真?

再小的花园都能打造出英式花园的感觉,让草本植物混杂夏日花坛植物创造出一片缤纷的色彩。在第40~43页你可以看到各类多年生草本植物。需要挖出分株前,它们可以展示3~4年的美好,不过夏季开花的花坛植物每年皆需重新种植。

用藤蔓植物和盆栽植物打造开满鲜花的入口

英式花园的入口总是让人沉浸在藤蔓植物的丰富色彩和芬芳之中,其中点缀的盆栽植物看上去更加绚烂。

规则式入口 大花铁线莲:种类丰富,落叶,以单瓣花为主,色彩丰富,一般可以在整个夏季绽放。

半规则式入口 大瓣铁线莲(*Clematis macropetala*):丛生,落叶,晚春和初夏开满深蓝和浅蓝相间、下垂的钟形花朵。

田园风 普通忍冬(*Lonicera periclymenum*, Woodbine/Honeysuckle):大受欢迎的村舍庭院藤蔓植物——栽培品种"早花"('Belgica', Early Dutch Honeysuckle)晚春和初夏开放,"晚花"('Serotina', Late Dutch Honeysuckle)则在仲夏至秋季开放。

开花植物集锦

将庭院的装饰品与花坛相融合。

若小庭院仅存一道花境,那么不规则地将多年生草本植物、夏季开花的花坛植物、灌木、小型乔木、二年生植物以及夏日开花的球根植物混合在一起,是一种比较常见的做法。这些"混合型"花境能够长时间展现出丰富的色彩,可融入你最爱的不同品种的植物。小庭院可栽种几种兼备花朵和叶片双重观赏价值的灌木,如果其中恰有香花植物,就更好不过了。

在混合型花境栽种球根植物时,请以夏季开花的类型为主,如百合。若使用春季开花的球根,会妨碍早夏的土壤耕作。此外,地上部分枯死后,地下看不见的球根有遭遇损伤的风险。

花台能让观者轻松发现不同品种的植物,也便于行动不便的坐轮椅者更舒适地观赏。

"混合型"花境色彩丰富绚烂。

打造一座迷你花园

无论庭院大小，主人都对丰富的色彩怀有强烈的渴望，努力打造温馨安宁英式的传统小花园的愿望同样也很强烈。以色彩为主题安排花境植物曾风靡一时——主要是白色、金色加黄色、蓝绿色，主要用于大面积造园，但如今很少有人这么做。

传统造园法中，多年生草本植物栽种于对称的花境中，以宽阔的草坪路隔开，背靠与颜色主题花境相呼应的风障绿篱。而如今，人们会小规模运用适于小庭院的多年生草本植物（见第40~43页）、中心小径以及小径两侧对称的小草坪打造花境，替代传统造园手法。可将夏季开花的花坛植物栽种在小径边缘，引入更多色彩。

在这些花境和草地较远的一端，用铺路砖或砖石修饰小径表面，制造焦点，也可放置一条长凳提供休闲区域。

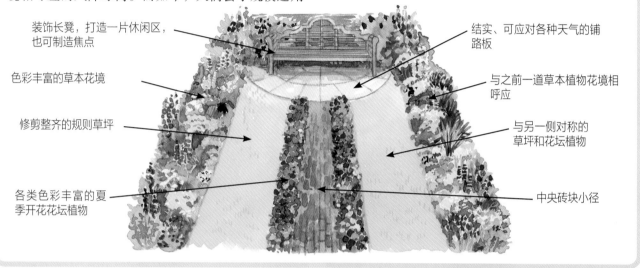

装饰长凳，打造一片休闲区，也可制造焦点

色彩丰富的草本花境

修剪整齐的规则草坪

各类色彩丰富的夏季开花花坛植物

结实、可应对各种天气的铺路板

与之前一道草本植物花境相呼应

与另一侧对称的草坪和花坛植物

中央砖块小径

植物类型

混合各类植物，妙趣横生。

· **耐寒一年生：**该类植物于春季在室外开花时播种，秋季枯死。

· **半耐寒一年生：**该类植物于晚冬或早春较温暖时播种，早夏栽种，秋季枯死。

· **多年生草本：**该类植物在移出分株前能够生长开花3~4年，每年秋季植物地上部分都会枯死，来年从土中重新抽芽。

· **鳞茎、球茎、块茎：**该类植物品种多样，所有这些根茎都扮演着能量贮存所的角色。有些花朵冬春开放，还有的则是夏秋开放。

· **藤蔓植物：**该类植物一些是耐寒植物，还有的则是多年生植物，年复一年生长，无须太多维护。

· **灌木：**该类植物为木本植物，地面之上长出几根茎。大部分都会生存十年或以上，有的是落叶植物，有的是常绿植物。

· **小型乔木：**该类植物为木本植物，只有一根枝干（主干）连接树枝与根系，大部分能够生存20年或以上，有些为落叶植物，有些为常绿植物。

忍冬凉棚

除了枝繁叶茂的门廊、田园式拱门以及边界绿篱和花园小径之外，还可考虑在庭院静谧处打造一处爬满忍冬的凉棚。这种设计令人放松，最适用于不规则布景，再配上一把部分带树皮的长凳。

最初造价

· 使用灌木最初造价较高，但十年后会越来越茂盛。

· 相比灌木而言，多年生草本更廉价，3~4年之后才需要重新栽种，分株也能够让你免费获取新植株。

· 夏季开花的花坛植物观赏价值主要在夏日，但每一季都能更换景致。

维护所需时间

整个夏季，比起满是灌木、夹杂着球根植物的花坛，维护草本花境整洁面貌更需费心。夏季开花的花坛植物更应精心呵护，除草、浇水、移除枯萎的花朵和其他入侵植物的茎都是必修课。

不规则式庭院

如何营造闲适氛围?

不规则庭院中的各类植物在同一个花坛中推推搡搡，与传统村舍庭院的感觉类似，这对许多家庭园艺师来说都颇具吸引力，尤其是追求休闲随意波西米亚式生活的人来说更是如此。所幸在小庭院中，我们也可以通过不规则植物、其他特征以及闲适小径、栅栏和绿篱营造同样的氛围。另外，切记要用带树皮的木材打制的长凳哦。

有心为之的不规则是打造休闲不规则花园的成功秘诀。

来点舒缓的背景乐?

除了淡雅的色彩和不规则形状之外，舒缓的声音也能让人放松。沙沙作响的树叶、安抚心弦的水花拍击声以及喷泉和瀑布跌落的哗哗声，形式多样。

在小庭院中，很适合种植少量竹子，种类详见第52页描述，竹子在地中海风格和日式庭院中的作用详见第26~27页。哪怕是微风吹动竹叶，也会发出舒缓的不规则声响。除此之外，还可以盆栽一些竹子，便于让色彩和声响传入室内。

在庭院邻近室内的树上挂风铃，可以让温和舒缓的声音传入室内，但请挂在不易被碰撞的位置。

闲适的布局和不规则植物

本页左侧列出了几例不规则设计。请记住，确保小径、草坪边缘和花境不会形成直线，庭院家具也需体现出不规则特征。用带树皮的木材打制的长凳和薄框架金属椅都能给人以闲适感。

不规则布局示例

砖块小径穿过一片卵石，形成美妙的纹理变化。

不规则铺路板打造独特的迷人小径。

天然石材小径反映了庭院的闲适与不规则。

蜿蜒曲折的迷宫式小径容易吸引眼球，尤其受孩子欢迎。

曲线构成的露台和小径形成风格统一的不规则庭院。

蜿蜒曲径与灌木共同营造神秘的庭院。

"白花"紫藤（Wisteria sinensis 'Alba'），一簇簇迷人的白花，与背景老砖墙相映成趣。

设计不规则庭院

尽管是不规则的小庭院，焦点还是必不可少的，可考虑采用如下几种方式：

- 长凳由带树皮的细木条制成，但人坐的地方一定要平整。
- 锻铁桌椅，可使用照明设备。
- 在不规则的铺砌面上摆放鸟浴台和鸟食台——但需保证剩下的食物不至于引来松鼠。
- 浑天仪和不规则雕塑可用于制造舒缓心情的焦点。
- 草地长凳，被修剪整齐的黄杨包围——很容易搭建起来，也非常适合在不规则小径的尽头打造休闲区域。

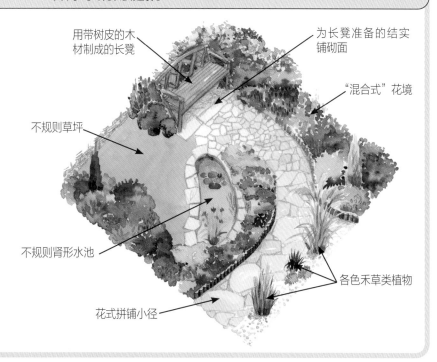

用带树皮的木材制成的长凳 / 为长凳准备的结实铺砌面 / "混合式"花境 / 不规则草坪 / 不规则肾形水池 / 各色禾草类植物 / 花式拼铺小径

不规则小径

↗ 老砖块（此处不要用混凝土铺路砖）、圆木段、人造石以及可组成独特迷人曲径的圆形铺路板（见上图）都非常适合不规则小径。

↗ 在天然石材之间栽种小型匍匐植物，可打造田园风庭院。也可采用不同形状的石板拼铺，这带有一定的不规则感。

不规则背景

天然石板呈现出不规则外观，但能够获取的合适石材并不好找。如果想营造轻松气氛，还有一些其他的背景也可以选择，而且造价更为低廉，具体如下。

带有内嵌式植物架的石板。

- **枝条篱笆表面：**非常适合"田园风"栅栏，但难以防止动物出入。
- **编织表面：**适于打造结实屏障，通常是长为1.8m，有不同高度。
- **水平条纹表面：**重叠的水平木条附于框架上，通常以宽1.8m的面板出售，有不同高度。

枝条篱笆栅栏有一种乡间情调。

观景亭和装饰井

观景亭别具风味，引人注目，也适于作为休闲区域。顾名思义，观景亭是让人们"观景"的，由来已久，早在波斯庭院就出现了，一般采用木质框架，后面配有木格栅和装饰性屋顶。装饰井总是能吸引眼球，但务必保证安装牢固。

装饰井构架要坚固。

用带树皮的木材打造的观景亭看起来本身就很休闲。

这把木椅看起来很闲适。

石头长凳也可以用来摆放植物。

休闲式家具

除了在上文焦点设置部分讨论的休闲式家具外，还可采用以下类型：

- ✔ **长凳** 由人造石制造，看起来非常悠闲。不过，需要做好在春季用软毛刷和肥皂水除藻的心理准备。
- ✔ **折叠椅** （金属或木质皆可）有多种设计样式，冬季需存储在工具棚中。

规则式庭院

**打理规则式庭院
很费时间吗？**

规则花园必须保持整洁，否则就会"不规则"。"矮灌"锦熟黄杨一年到头都需要养护，而规则的夏季开花花坛植物也需要花时间打理，以确保它们不会侵占彼此的生存空间，同时还需要及时清理杂草。草坪则需要定期修剪、修边。

借鉴古典庭院遗产

制造规则的图案和形状始终让园艺师们着迷不已，他们常用乔木和灌木打造出固定的设计图案，他们也使用夏季开花的一年生植物打造庭院的季节性图案，这是自19世纪的"织毯花坛"（也称织毯、马赛克或珠宝式）起就流行起来的。许多狂热者跟风，在地方和国家级比赛中创造各式主题和复杂图案。

据称，形状和图案能影响我们的生活，也具有治愈功能。然而，据几千年前的文字记载，并非所有人都会受益于图案疗法。不过，用植物打造的迷人图案总是引人驻足。

规则花坛设计——早先被称作织毯式花坛，如今依然如此。

规则设计和植物示例

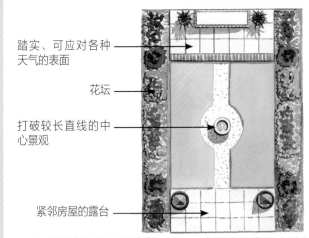

踏实、可应对各种
天气的表面

花坛

打破较长直线的中
心景观

紧邻房屋的露台

➐这种设计流露出规则感，规整的直线立即将眼睛引向庭院末端设置的休闲区域。

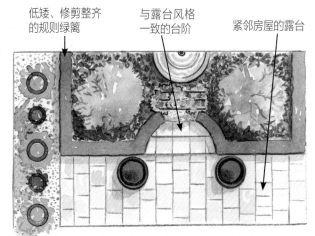

低矮、修剪整齐
的规则绿篱

与露台风格
一致的台阶

紧邻房屋的露台

➐规则花园位于斜坡上，但是紧邻房屋处先安排一处露台区，然后再构筑一系列台阶。设计一道小绿篱可以将庭院统一起来。

规则式夏日花坛植物选择

如下为部分最受欢迎的夏日花坛植物。

- **四季秋海棠类**（*Begonia semperflorens*, Fibrous-rooted Begonia/Wax Begonia）：柔嫩，多年生，常作为半耐寒一年生植物栽培，叶片呈绿色或紫色，有光泽，早夏至晚夏开红色、粉色或白色花朵。

  株高：15~23cm 冠径：20~25cm
- **南非山梗菜**（*Lobelia erinus*, Edging Lobelia）：半耐寒多年生，常作为半耐寒一年生植物栽培。整个夏季开满大片蓝色、白色或红色小花。一些品种茎蔓生，栽种于吊篮效果最佳。

  株高：10~23cm 冠径：10~15cm
- **香雪球**（*Lobularia maritima*, Sweet Alyssum, 亦称作Alyssum maritimum）：耐寒一年生，常作为半耐寒一年生植物栽培。整个夏天开满成簇的白色、蓝紫色至紫色、玫红至胭脂红色或深紫色花朵。

  株高：7.5~15cm 冠径：20~30cm
- **一串红**（*Salvia splendens*, Scarlet Salvia）：柔嫩，多年生，多作为半耐寒一年生植物栽培。叶片呈绿色，有光泽，早夏至晚夏开红色、粉色或白色花朵。

  株高：30~38cm 冠径：23~38cm
- **"金叶"短舌菊蒿**（*Tanacetum parthenium* 'Aureum', Edging Chrysanthemum, 亦称*Chrysanthemum parthenium* 'Aureum'）花期短，多年生，作为半耐寒一年生植物栽培。芳香，叶片为浅绿色，仲夏至早秋开放白色花朵。

  株高：23~30cm 冠径：20~25cm

夏季开花的点缀植物

- **"汤普逊"缟花苘麻**（即风铃花，*Abutilon pictum* 'Thompsonii', Flowering Maple亦称*Abutilon striatum* 'Thompsonii'）：半耐寒，多年生，有枫叶一般的深绿色叶片，上有亮黄色斑点。

  株高：90cm~1.2m

  冠径：38~45cm
- **"蔡尔兹氏"地肤**（*Bassia scoparia* 'Childsii', 亦称*Kochia scoparia* 'Childsii'）：半耐寒，一年生，浅绿色叶片。

  株高：45cm

  冠径：23~30cm
- **大花美人蕉**（*Canna × generalis*, Indian Shot）：半耐寒，多年生，主要分两种——绿叶和紫叶或棕色叶片。

  株高：75cm~1m

  冠径：30~38cm
- **新西兰朱蕉**（*Cordyline australis*, Cabbage Palm）：生长缓慢，柔嫩，常绿植物。

  株高：60~90cm

  冠径：45cm

规则庭院特色

小径和台阶

使用颜色和形状相匹配的材料　　确保修筑坚实的小径边缘

↑ 笔直的小径和台阶，可用铺路板或混凝土铺路砖排出规整的面貌，体现规则小径的特征。

装饰屏风

本图中的装饰屏风为开放式　　高低错落的屏风妙趣横生

↑ 装饰屏风和入口，迷人且实用，有助于打造庭院中独特的不同部分。

门廊

迷人的门廊总能扮靓房屋　　连小门廊都能增添特色

↑ 使用刨平的木材、斜顶或平顶的门廊可产生规则感，这类门廊可与栅栏结合起来使用。

藤蔓花棚

独特的辐射顶藤蔓花棚　　可在角落建筑结构中安放座位

↑ 藤蔓花棚式结构无须单独置于小径之上，它能让坚实的小块地表更实用。

草坪中央饰物

日晷在开放性区域很受欢迎　　鸟浴台应配有浅槽

↑ 规则的草坪特色装饰，如鸟浴台和日晷。在小块草坪上，让饰物尺寸与该区域成比例，确保它们不会喧宾夺主。

水景特色

壁饰喷泉极具装饰性　　对儿童而言较为安全的卵石喷泉

↑ 可在小庭院中结合几种类型的水景特色进行设计，可尝试在墙壁安置小喷泉，或筑起一个卵石池塘。

地中海式庭院

能否激起地中海的回忆?

许多人会向往地中海休闲的田园牧歌式度假生活,希望将这种氛围复制到自己的庭院之中——无论面积大小。喜爱日照的花盆植物甚至可以在极小的露台上摆成片,而带着水声的小水景特色则会为庭院增添一份闲适感。不过,所选择的区域一定要保证全天候日照。

适用于小空间

隐蔽的小块空间很适合地中海庭院。若场地部分有围墙环绕,请将墙面刷成白色,增强反射性——光照有助于植物生长,且黄色、金色、红色、深红和深蓝在白色背景映衬下会显得更加艳丽夺目。也可使用灰色石墙衬托粉红、红色、深蓝和紫色。

为桌椅区域铺路

平坦的铺砌地面对桌椅来说是必不可少的,若想打造一片地中海氛围,请选择金属结构的而非厚重的、带树皮的木质家具。白色或浅色桌面有助于反射光线,营造开放的感觉。

保持水分

在炎热的地中海式庭院中栽种植物时,保持土壤水分非常重要,保湿有几种办法:

- 栽种后,用石头组成2.5cm厚的护根覆盖物,如此可以减少土壤水分流失,保持根系凉爽。
- 如果庭院中使用了天然石板构筑了不规则式露台,请将其延伸至根系。

草本法氏荆芥(Nepeta × faassenii,*Catmint*)打造出地中海景观。

上方藤蔓植物提供荫蔽

在较热区域,强光可能会使一天中某些时段非常不舒服。因此,可在上方种植茂密的藤蔓植物提供遮蔽。第49页描述了许多藤蔓植物,除此之外你也可考虑使用葡萄藤。若想打造特别的地中海装饰伞盖和遮蔽,可尝试"紫叶"葡萄(*Vitis vinifera*'Purpurea',Teinturier Grape),秋日落叶之前,酒红色的叶片会变成浓郁的紫色。

花盆栽种芳香型百合

百合种类繁多,可在温暖露台种植于盆中的有:

- **麝香百合**(*Lilium longiflorum*,Easter Lily):白色,喇叭形花朵,金色花蕊,仲夏和晚夏散发出蜜一般的香气。
- **天香百合**(*Lilium auratum*,Golden-rayed Lily):晚夏和早秋绽放芳香的碗状花朵,白色,上有线状或带状金黄色辐条,每片花瓣内侧表面点缀着紫色斑点。

花盆栽种

香气四溢的天竺葵属植物喜欢温暖的气候,气候温和的夏日可置于户外盆栽,冬季则需保护。叶片有香气的天竺葵品种很多,如:

使用不同类型的植物

皱叶天竺葵(*Pelargonium crispum*,Lemon Geranium)的叶片散发出柠檬的清香,绽放粉色花朵。

香叶天竺葵(*Pelargonium graveolens*,Rose Geranium)的叶片香甜如玫瑰,绽放玫红至粉红色的花朵,其上有深紫色斑点。

将不同大小形状的花盆组合在一起

薄荷天竺葵(*Pelargonium tomentosum*,Mint Geranium)的叶片散发出薄荷味,开白色花朵。

地中海庭院植物

银色叶片的灌木在温暖气候中能够茁壮成长,如下三种可以让你回忆起温暖、沉醉又宁静的夜晚。

- **雅艾**(*Artemisia abrotanum*,Southernwood/Lad's Love):丛生,灌木,落叶,半常绿,灰色叶片,有香气。
- **小木艾**(*Artemisia arborescens*):落叶或半常绿,柔嫩,灌木,银白色叶片,早夏和仲夏开黄色圆形花朵。
- **银香菊**(*Santolina chamaecyparissus*,Cotton Lavender):株形圆球状,深裂的银白色柔毛叶片,亮黄色花朵于仲夏开放。

日式庭院

　　日式庭院流露着安详、宁静、沉思的氛围，独具一格，整洁清爽，适于冥想内观。日式庭院的设计表达的是对自然之美的感激和愉悦，造园时也需崇尚这一特质。特色水景、装饰桥、盆栽和砾石基底相结合，可打造一座整年皆有看点的独特花园。

我可以建一座冥想庭院吗？

一片砾石区域，融入了一条踏脚石小径，铺就日式庭院的完美基底。

宁静

　　一千年前，乡间的声响可以听得清清楚楚，其中最响亮的莫过于教堂钟声。如今，噪声将这种让生活归于宁静的宝贵特质夺走，而日式庭院正致力于捕捉这份宁静。

极简主义

　　日式庭院与自然保持平衡，无论是植物还是结构都不会互相控制。整齐的背景必不可少，竹篱屏风就是一种简单易行且效果不错的选择。

砾石

　　在日式庭院中，没什么比砾石更能让人平静心绪，可在其上铺踏脚石增添一丝趣味。注意，不要将同一片区切割为两块不相关的区域。另外，可以用钉耙翻动砾石表面，制造水波效果。

盆栽竹类

　　竹类非常独特，是日式庭院的基本构成要素，以下几种较适宜盆栽。

- **华西箭竹**（*Fargesia nitida*）：耐寒常绿竹，亮绿色叶片，浅紫色竹竿。
- **紫竹**（*Phyllostachys nigra*）：深绿色叶片，竹竿先呈绿色，随后变乌黑色。
- **花杆苦竹**（*Pleioblastus viridistriatus*）：紫绿色竹竿和金黄色叶片，叶片有浅绿色条纹。

其他适于盆栽的植物

- **"深裂紫"鸡爪槭**（*Acer palmatum* var. *dissectum* 'Atropurpureum'）：耐寒，生长缓慢，落叶，冠圆球状，深裂的棕红色叶片。
- **多裂鸡爪槭**（*Acer palmatum* var. *dissectum*）：同上，但叶片全为绿色。
- **八角金盘**（*Fatsia japonica*）：叶似蓖麻，常绿，略微柔嫩，叶片大，有光泽，似手掌。

户外盆景

　　盆景是一种在浅容器中栽种微型乔木和灌木的艺术，日式庭院常采用盆景作为庭院点缀。它既可以置于台架展示，也可置于有平顶的活动展示架上，摆出不同高度，便于所有人欣赏。

适于品茶的庭院

　　庭院是常见的品茶场所，在安宁的氛围中，茶友似乎可以忘却所有尘世烦忧。乔木、灌木和蕨类为多年生，能够形成超越时空的氛围，但不可在其中使用零零星星的小花，因为它们暗示着时间的流逝，容易引发人们的伤感。

风水

　　风水概念指的是或好或坏的气会产生影响——而这些气源自景观的自然特征，这个概念最初源于中国，但在日本文化中也很流行。按照风水的规律，合理地安排植物和出入口，有利于或好或坏的气的进出。

最初造价

　　大规模日式庭院造价不菲，但小面积造园非常理想。日式小庭院资金预算更现实，更节省气力。配上各类地面和盆栽植物后，一些原本平淡无奇或隐藏在墙根、不便于从窗口观赏的庭院景观，都将产生极大改观。

盆栽

在小庭院种盆栽容易吗?

盆栽植物从未像如今这么流行,许多家庭园艺师发现,在小庭院栽种盆栽植物非常理想,尤其是仅有院落、露台、阳台空间时,而且可选用的容器多种多样——从吊篮到桶和盆,下文都将描述。除此之外,壁式花篮、食槽式花槽、窗槛花箱以及固定在墙上的花盆都能为庭院增添一份色彩。

用低矮茂密的夏季开花花坛植物为容器抹上鲜艳的色彩非常美妙。

可使用壁式花篮,让墙面沉浸在温暖人心的色彩中,与吊篮结合的效果更佳。

吊篮可为视平线高度增添亮色,不过要确保所在位置不容易被撞到。

用盆栽创造更多空间

固定在墙面支架或以窗台为支撑的容器,可创造出更多空间,不仅局限于地面,还可在桶和花盆中栽种更大、生命周期更久的植物。不过,为打造最佳效果,可先尝试各种排列组合方式。

盆栽容器是基础设施的一部分

在小庭院中,栽种灌木、乔木和针叶树的桶和大花盆已成为必不可少的一部分。这些容器可在不同位置展示——近门处、窗侧或露台一角都可以。夏季可将花盆和花槽中的小型植物暂时放在桶和大花盆周围,让它们为较小的植物挡风避雨,躲开直射强光。在老石槽里种植高山植物和微型岩生植物也可以使它们生存多年。

容器类型

花盆和桶

← 确保所选用的容器与周围环境风格一致,桶和陶盆皆可选用。

旧石槽

← 旧石槽既可打造小型水景园,也可以种植岩生植物。

窗槛花箱

← 用此类容器为窗格和窗扉增色再合适不过。

吊篮

← 将吊篮置于窗户或门廊两侧与人同高处。

壁式花篮和食槽式花槽

← 此类容器能够为窗户附近裸露的墙体及入口增色。

旧物利用

← 这些被视为废品的小玩意可以成为独一无二的盆栽容器,令人惊叹不已。

装饰小露台和院落

最好将地面花盆、花桶以及吊篮和窗槛花箱结合起来使用。

- 空间严重不足之处，集中使用墙壁空间及窗槛花箱。
- 可将栽种灌木、笔直针叶树的桶和大花盆摆在合适位置，努力将观景者从敞开的格子框架窗户引开。水槽小景观也可以实现同样效果。
- 将种植烹饪香草的花槽置于厨房门附近。

门廊和台阶植物布置

色彩明艳的入口和台阶能够瞬间为别墅和公寓楼带来生机和活力，可沿入口台阶边缘放上一系列栽种各色植物的花盆，若空间允许，也可在台阶上摆一些。

屋顶庭院和阳台

能够对抗不同的天气条件，是对屋顶庭院的基本要求。相比较而言，阳台更适宜植物生长，但倘若置于阴面，阳台同样也会受到风暴和严寒的影响（详见第31页）。

墙体绿化

➜ 一眼望去，看似荒凉的小院落的老墙体或墙根入口可通过打造墙壁庭院改变面貌，多层花槽、壁式花篮、食槽式花槽和窗槛花箱都可成为植物温暖的家。

盆栽植物养护

便于接触是养护院落、墙根、入口或露台盆栽植物的首要考虑因素。为高处植物浇水时，请使用稳固的梯子，也可使用专用浇灌设备从地面引水。自制浇灌设备也可以，将软管一端系在长竹竿上即可。

花槽

置于地面的大花槽可用于种植小型或生长缓慢的针叶树。种植时注意选择颜色、形态不同的针叶树。花槽和树一旦种下便搬动不易，故而可以一放放好多年，成为固定的风景。

小片植物栽种区

墙上凹陷区是塞小花盆的新处所，可栽种直立或蔓生的植物。若凹陷处于一段台阶边上，应确保花盆不会被撞翻或摇摇欲坠，天气炎热时请多浇水。

不同容器，不同植物

小区域盆栽植物的选择取决于容器的性质，如下为几条成功秘诀。

花盆—— 无论是一年生夏季开花植物还是叶片散发香气的天竺葵，都有用武之地。栽种时应确保花盆稳定，不会摇摇欲坠，尤其是种植叶片较多植物时。

桶—— 非常适合种植多年生木本植物，如灌木、乔木和针叶树。

窗槛花箱——此类容器总是可以增添一丝趣味，可为春夏、冬季选择不同的植物进行展示，如夏季开花的花坛植物，在冬季则可换上矮生针叶树和茂密、蔓生的小型耐寒常绿灌

木，到了春季则可以展示一些春季开花的球根植物及茂密、蔓生的耐寒常绿灌木。

吊篮—— 该类容器很适合用在夏日集中种植茂密、蔓生下垂的夏季开花植物，如倒挂金钟一类的蔓生下垂植物。

壁式花篮——很像固定在墙面的半个吊篮，夏季可种上长满茂密蔓生的夏季开花花坛植物，春季则可种上亮出球根和二年生植物。

食槽式花槽——同壁式花篮有许多相同点，主要是金属材质，而且更为宽厚。种植方法与壁式花篮相同。

野生庭院

小面积可以打造野生庭院吗?

野生庭院是一种按照规划将野外自然景观特征引入家庭庭院的庭院类型。无论大小，野生庭院都有利于生态环境的健康、和谐。因为在其他类型的庭院中，土地总是精耕细作，矮树丛、长草和原生植物都被清理。然而事实上，即便是庭院中再小的野生区域，如小小的水池，都有助于缓解对原生环境的负面影响。

野生动植物庭院

此类庭院最好安排在不碍事且便于轻松观景的处所，这种宁静为许多园艺师带来愉悦感，净化心灵。较稀疏的落叶树伞盖可为地面植物、鸟类还有小型哺乳动物遮阴，也能保持夏日土壤潮湿凉爽，这是昆虫和小型哺乳动物的福利。如果景观中有水池，秋季需要清理水面落叶。

野生动植物为园艺带来新维度。

青蛙和蟾蜍对庭院大有裨益

水体会吸引蜻蜓到来

水池中迷人的小生物蝾螈

野生池塘

与装饰性庭院水池不同，野生水池旨在为鸟类、两栖动物、昆虫、小型哺乳动物以及鱼类提供良好的栖息之所，水生及水缘植物都能为昆虫营造良好的生存环境。

沼生植物庭院

这些与水景特征紧密相连，可栽种喜湿润环境的植物。由于该类庭院枝叶茂密、不规则，也能吸引很多昆虫和小型哺乳动物。

输水设备

野花庭院

培育繁殖新品种多年后，许多园艺师都意识到了原生植物的魅力，它们拥有人工品种所没有的魅力和微妙之处。原生野花常常是一年生或多年生的，它们都能带来绝美的景致。野花也可吸引多种昆虫，如蝴蝶。许多种子公司既出售单一野花品种，也出售混合种子。最好在春天播种，一年生植物每年会产生新的花籽，多年生植物则会一直都在——不过它们也会产生花籽，条件成熟时就会发芽。

香花植物

一些种子公司出售一年生香花植物的混合种子，不一定是野花，但可采用与野花同种栽种方式（见左侧）。多年生香花植物的混合种子也可以买到。

如何播种

初冬时，松动地表之下约20cm深的土壤，让土表不均匀，但接近平整。晚冬或早春，用钉耙将该片区域翻匀，形成较为结实的表面。仲春和晚春，稀疏地将花籽撒在土表，轻轻用齿状钉耙盖往。随后温和彻底地浇一遍水，注意别误将花籽冲走。

保护庭院野生动植物

切勿使用杀虫剂或除草剂，被农药污染的花朵和树叶对鱼类、两栖动物、昆虫和小型哺乳动物会产生致命伤害。

阳台和屋顶庭院

让阳台或屋顶庭院可以充满丰富的色彩，令人惊叹不已。装满夏季开花植物的花盆、花槽、吊篮在夏日是非常理想的装饰，而从秋到春则有赖于常绿灌木和矮生针叶树。若种植柔嫩植物，冬季需要转移到室内，也可送至建有温室的朋友那里过冬。

阳台或屋顶庭院是否有可能实现？

夏日，屋顶庭院诗情画意；冬日，需将盆栽的多年生植物移到避风的温暖处。

居高临下

若所在区域的气候条件允许，屋顶庭院就会很受欢迎，因为主人至少可以享用它半年甚至更长的时间。无论如何，"居高临下"建一座庭院还是极具诱惑力的。

屋顶庭院创意

建屏蔽物既能保证私密性，也能抵御强风。夏季，只需要摆放临时的屏风即可，这也可以让邻居放心，知道你不会窥视他家的情况。无论是建屏蔽平台，还是放屏风，都应事先告知邻居，别等到出现争执再说。

风大处，主要依靠花槽和桶中的夏季开花植物增添色彩。

在屋顶庭院的外部边缘构筑一道坚固的栏杆，然后让小叶型花叶常绿藤长上去。

阳台亮点

在寒冷暴露的区域，主要依靠夏日展示夏季开花的花坛植物。若想让色彩更持久，可使用小叶型的蔓生花叶常春藤。

屋顶庭院注意事项

请检查基础设施是否合适（见第11页），是否有便于取水的水源，防止强日照和微风导致的培养土变干。

充分利用阳台

- 若想增强颜色对比，可将红色或鲜红色的天竺葵花盆固定在白色栏杆顶部。在地面，可结合"金色"铜钱珍珠菜（*Lysimachia nummularia* 'Aurea'）和红色矮牵牛。最好让铜钱珍珠菜沿着栏杆生长。

- 可在花槽或大花盆种植白色、玫粉色和浅蓝色的风信子（*Hyacinthus orientalis*，Hyacinths），春季庭院香气四溢。秋日种下，静待来年芬芳盛宴。

- 有几种百合在温暖避风的阳台上适于盆栽——若想使用香花植物，详见第26页。

休闲阳台

除栽种植物外，别忘了阳台也是休闲区域。

- 若景观允许、阳台大小合适，可考虑使用帆布折叠式躺椅和小桌子，不用时也可轻松收纳。

- 柔和不刺眼的灯光可以让你充分利用阳台，尽享日落后的时光。

打造隐蔽庭院

位置隐蔽、保证隐私的庭院能够成为宁静冥想的绿洲，让人神清气爽，一直以来广受欢迎。在大型庭院中，有着很多天然就比较隐藏的地方；但在小型庭院，必须通过搭建凉棚、格子棚架和藤蔓花棚，让繁花似锦的芳香藤蔓植物覆盖其上等方式才能创造一处隐蔽的憩息之地；当然，如果地方充裕，采购或建造一座观景亭或封闭式凉亭也可以。

保证隐私的好办法

- 在距离边界45cm处竖起独立式格子棚架，用枝繁叶茂、花满枝头的藤蔓植物覆盖其上，如绣球藤（*Clematis montana*）。
- 搭建顶部有横梁的凉棚，种植葡萄藤，打造地中海特色。有几种葡萄的叶片极具装饰性，如"紫叶"葡萄（年幼时叶片为酒红色，随后变成葡萄紫色）。
- 装饰性栅栏，如枝条编织的屏风，既衬托田园风，也有助于保障隐私。还有其他许多更适合现代庭院的规则式栅栏可供选择。
- 可从园艺中心或网络渠道购买预制凉棚、拱门和藤蔓花棚，可收到事半功倍的效果。

浪漫凉棚

搭一座浪漫凉棚，让枝繁叶茂的植物和花朵爬满头顶，并沉浸在馥郁的香气中——很少有园艺师能抵抗这种诱惑。如下为几种可供参考的浪漫藤蔓植物。

- **绣球藤：** 晚春至早夏开纯白色花朵，"伊丽莎白（'Elizabeth'）"开出淡粉色、略带香气的花朵，"亚历山大（'Alexander'）"则开出米白色、香气略浓的花朵。
- **普通忍冬"早花"：** 晚春和早夏开出的花朵是紫红色和黄色，香气四溢。
- **普通忍冬"晚花"：** 仲夏至秋季开的花朵里面为淡紫红，外面为米白色，气味香甜。

制订特别栽种计划保障隐私

可在庭院深处远离邻居的房屋处，打造一些保证私密性的场所，不局限于保证自家住房周围的隐私。

带拱门的小径，可在其上种植叶片繁茂的开花藤蔓植物，或试试与众不同的隧道（详见第75页）。

若庭院向阳，可搭建一座背向屋子、面朝花园的封闭式凉亭。面向房屋的一面可竖起格栅板或用带树皮的木材打造的屏风，让凉棚更加迷人。

立起结实的豆架，让红花菜豆屏风自然生长，它们独特的效果会让你惊讶不已的同时享受到自家种植的新鲜蔬菜。

避免邻居偷窥

如下为避免邻居从地面或楼上窗户偷窥的方法。

密合式栅栏是迷人的防偷窥屏风

小型简易装饰凉棚适用于任何面积的庭院

装饰性木栅栏和格栅屏风非常惊艳

将突出的砖块塞进墙壁，可用于放置植物花盆

前面敞开的单坡屋顶构造比较廉价，盆栽植物可在此处安家

头顶框架可用枝繁叶茂的装饰性开花植物覆盖

绿篱物语

- 绿篱是庭院鲜活的一部分，与其他植物非常和谐。
- 绿篱挡住一部分大风，而不是彻底无风，因此不会在背风面形成涡流。
- 绿篱改善周边土壤，也能保持地基干燥。
- 种植绿篱处与边界的距离，至少为绿篱预设宽度的一半，以免新生枝叶入侵邻居房产。
- 许多绿篱需定期修剪——一年至少三四次。
- 绿篱制造阴影，邻居也许会介意。
- 一些绿篱属低矮型、易养护；有的则过于茂盛，不太适合小庭院栽种。

维护工作较少的庭院

"维护工作较少"和"维护工作较轻松"有微妙差别，尽管界限比较模糊。维护工作较轻松的庭院就是草坪——草坪仅需每周修剪，从春到秋始终如一。这种设计很适合有孩子的家庭，方便玩球、骑车。维护工作较少的庭院，则是按需规划、拥有所需植物，但对维护要求极少。

维护工作较少，还是维护工作较轻松？

维护工作较少的植物

许多植物成活后，只需少量维护工作，即可展现出迷人的景观，如下供参考：

- **多年生草本：**一些是自给自足、无须过多维护的（详见第40～43页）。

- **地被植物：**缓和土表的植物，叶片和花朵迷人，可防止野草丛生。

- **自然化的球根植物：**在不碍事的草

地区域种植大花水仙可以在春天打造出美妙景观。花期结束后，让叶片自然枯死。

- **灌木和小型乔木：**落叶和常绿型都是无须过多维护的植物。除少量（也有的不需要）修剪外，灌木和小型乔木成活后便无须多虑（只需少量维护的灌木和乔木品种详见第44～47页）。

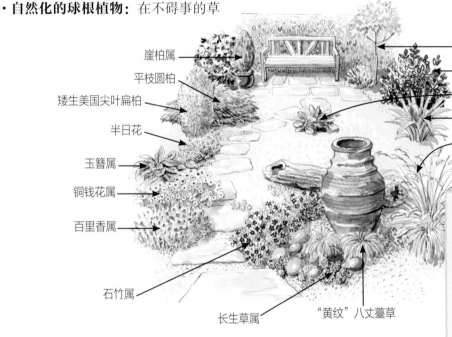

崖柏属
平枝圆柏
矮生美国尖叶扁柏
半日花
玉簪属
铜钱花属
百里香属
石竹属
长生草属
"黄纹"八丈薹草

"淡黄"白背花楸
杂交石楠
心叶岩白菜
麻兰属
拂子茅状针茅

设备让园艺更轻松

机械设备可缓解园艺带来的体力消耗，让打理庭院更快乐。

电动割草机：非常适合割草时需不时休息的园艺师（让它停下来很容易，暂停后也很安静）。

汽油割草机：非常适合大片草坪或无法供电的场地。

电动剪草机：适合修剪长草或大树下层的灌木丛或矮树，还有人用它修剪草坪边缘。

绿篱修剪机：让绿篱修剪更轻松，比使用剪刀手动修剪更轻松得多。

草坪搂草器：无须再费力地手动用钉耙清理修整草坪。

肥料粉碎机：可将木本园艺废弃物转化为保护庭院土壤的宝贵护根覆盖物。

园艺工具使用安全：牢记安全问题（见第15页）。

设计一座维护工作较少的庭院

设计庭院特征时，可考虑使用能够大显身手的机械设备。

在花境边缘，尤其是多年生草本布满草坪、形成裸露区域处，铺设一道45cm见方的铺路板。然后让植物蔓延，柔化不美观的花境边缘。同时可用悬浮式割草机贴在边缘修剪，并略微置于其上。

踏脚石插入草坪处，检查是否有

部分延伸至草坪表面之下，这样就能够在不损伤草坪的情况下使用悬浮式割草机。

草坪毗邻墙体处，留出一条割草缓冲带，这样修剪时既不会损伤割草机，手也不会被砖石磨伤。

草坪边缘接近花境处，使用修边刀修剪每道边缘，也可用长柄修边剪刀修剪。

在庭院中种植果蔬

无论庭院多小，都可以种植果蔬。庭院中肥沃的小块土地可栽种一排排沙拉作物，而花盆、桶和种植袋则可种植其他果蔬植物，如烹饪香草，如此便可节约空间。苹果可种在露台的花桶或大花盆里。草莓很适合种在花架上和吊篮中，番茄可种在吊篮中。

用竹竿支起的圆锥形支架很快就会爬满叶子和豆类。

小庭院可以种什么

小块菜地很适合生菜、胡萝卜、大葱、甜菜根和番茄等作物。四季豆低矮，主要为灌木习性，也可以种在同类场地。芦笋、洋蓟等多年生蔬菜最好在更大的庭院中栽种。

在小庭院，土豆，可种植在桶、大花盆或专用的容器中。此外，也可置于装有泥炭培养土的黑塑料袋中。

苹果可以作为单干形或墙式种植，充分利用空间。如果种在桶和大花盆中，它们的生命更短暂。

在窗槛花箱种菜

定期浇水是预防植物枯萎、保护作物免受伤害的必要工作。

- **黄瓜：** 获取矮小结实的品种，然后尽快种下，但须等霜降威胁过后。等植物长出6～7片叶子后掐去生长点。
- **甜椒：** 等霜降威胁过后，将2～3棵幼株种进窗槛花箱。等果实肿胀、有光泽时采摘。
- **番茄：** 霜降威胁过后，尽快将两株灌木型番茄种下，无须去除侧芽。

菜园设计

小菜园无须规整，无须整齐地将植物种在与小径成直角的一排排的地里。藤蔓豆类非常适合格子棚架和竹类圆锥形支架，而半标准型的月桂树能在香草区打造独特景观。

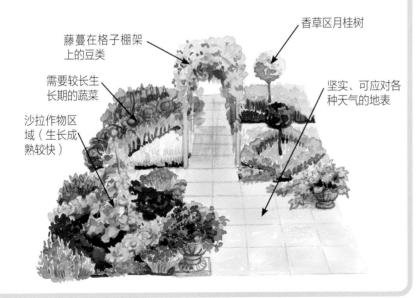

藤蔓在格子棚架上的豆类

香草区月桂树

需要较长生长期的蔬菜

坚实、可应对各种天气的地表

沙拉作物区域（生长成熟较快）

在小温室种番茄

在小的温室里种番茄是非常合适的。种植时间将标准大小的种植袋和3～4种单干形植物，用穿过袋子进入泥土的竹竿或专用支架提供支持。

适于种植袋的蔬菜

如下为四种受欢迎的选择，你可以试试。

灌木四季豆 每个袋中种6株。

绿皮西葫芦 每袋2株。

生菜 每袋8棵。

番茄 见前文。

在小空间栽种香草植物

若空间有限，可尝试在车轮图案中栽种香草——美观实用。

- 冬季整地，挖土去除多年生杂草；春季用钉耙整地。
- 用大圆石子围成直径为1.5～1.8m的圆圈，其中加上同心圆和辐条。
- 在中心种植主要香草（也可栽种月桂树）。
- 在辐条划分出的不同区域之间，种植各类香草。
- 将卵石和彩色砾石撒在植物周围以及辐条之间，帮助土壤保持水分。

草莓盆栽

可以试试以下几种方法：

两侧有空心小洞的花盆
在容器中养上2～3年。

吊篮
一个大吊篮中栽3株植物。

窗槛花箱和壁式花篮
植物种植间距为20cm。

侧面挖小孔的大桶
在每个孔里种一棵植物，顶部也可种几株。

果树

在家庭园艺师中，有三种用于壁式或种于道边的果树深受欢迎：

- **苹果**：用M27和M9等矮化砧木，培育成节约空间的形式（见下）。此外，请选择商店不容易买到的品种。
- **梨子**：使用Quince A砧木，将树培育为墙式或单干形。梨子需授粉伴侣，因此要以单干形栽种三种不同类型，如"Conference""Doyenne du Comice"和"Williams' Bon Chrétien"。
- **桃子和油桃**：使用St Julien砧木，呈扇形培育。

以节约空间的形式种果树

培育成墙式、扇形和单干的果树需要多层结实镀锌铁丝支撑。扇形果树最适宜依靠温暖墙体种植，而墙式和单干则最适合作为一排树墙或道旁树，用于分割庭院不同部分。

墙式

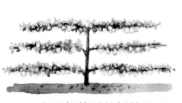

↗向两侧伸展的树枝是以等间距的铁丝架塑造，非常适合苹果和梨子。

扇形

↗别具一格，很适合靠墙种植。苹果和梨用得较少，更适合桃子和油桃。

单干形

↗以45°角生长的单干果树，很适合苹果和梨。

盆栽食物

在露台种菜

种植袋适合各类蔬菜（详见第34页四季豆、绿皮西葫芦、生菜和番茄信息）。此外，单干形番茄可背靠温暖的墙体在花盆中种植，灌木型番茄可在吊篮中栽种。

用花盆或花桶种苹果

有如下三种必备要素。

- 选择木桶或大陶盆，直径至少为38cm。
- 使用矮化砧木，如M27或M9。否则在容器中栽种苹果几乎不可行。
- 采购一棵两岁的果树，牢牢固定在砧木上，按金字塔形培育。

成本效益
自己小规模种植食物比从当地购买成本会高一些，但是没什么比收获自家果蔬更令人开心的了。

盆栽香草植物

许多香草植物体型较小，很适合在露台、阳台等容器中栽种，甚至仅用窗槛花箱即可栽种。

- **香草植物专用盆**：近似大花盆，但侧面有空心的种植孔，可在其中栽种香草。同时，顶部亦可用于栽种。
- **种植袋**：非常适合各类薄荷。
- **普通花盆**：将不同香草栽种于不同花盆中，然后组合起来，效果不错，如细香葱、薄荷、欧芹和百里香。
- **窗槛花箱**：将植物置于独立的花盆中，在周围堆上湿润的泥炭土。

夏季开花的一年生植物

夏季花坛是什么？

夏季花坛主要由半耐寒的一年生植物构成，每年气候温和时播种，等适应户外环境、霜降威胁过后移栽到花境和花坛中。有时，中间会夹杂种植一些其他植物，以制造焦点和高度层次变化（点缀植物详见第25页）。耐寒一年生植物常在花坛中独立栽培，或用于丰富花境。

耐寒还是半耐寒？

这两种都能为夏季增添色彩，但初期养护方法不同。

· **耐寒一年生：** 春季在户外生长位置播种，先放入浅浅的条播沟，等幼苗长大一些、可以取出时，移出一部分（叫作"疏苗"），为筛选出的苗腾出更多空间生长开花。

· **半耐寒一年生：** 比耐寒一年生更复杂，晚冬和早春天气温和时，在温室或可挡风避雨的窗台上培育。以更宽的间距将幼苗移栽到新的播种盘中，适应户外环境（逐步锻炼得耐寒），等霜降威胁过后种进花境。由于培育半耐寒一年生植物时需更加费心，价位往往也会高于耐寒一年生植物。

经典花坛搭配

· **花境边缘：** 若想形成蓝白色，可交替种植香雪球和南非山梗菜。由于香雪球开得更茂盛，为了均衡起见，种植时可在每两株香雪球之间种上两株南非山梗菜。

· **绿色边缘：** 将一排"金叶"短舌菊蒿（见第25页）连续栽种于小花坛周边，在中间区域种满红花四季秋海棠类或蓝花藿香蓟属（Ageratum）植物。

· **天竺葵属植物**（Pelargonium）：通常被错误地统称为"geraniums"，常被种出规则的花坛图案。它们色彩丰富，整个夏天都开花。

"米拉斯"麦仙翁

耐寒一年生，浅绿色叶片，仲夏至秋季绽放紫罗兰色至粉色的花朵，其上有精致纹理。

土壤和栽培环境： 喜贫瘠但保湿的土壤，全日照。

繁殖： 仲春至晚春，在生长开花位置播种。挖出6mm深、行距25cm的条播沟播种，疏苗间隔15~20 cm。

↕ 90 cm~1 m　↔ 38~45 cm

"翠绿"尾穗苋

耐寒一年生，仲夏至秋季绽放穗状淡柠檬绿色花朵。

土壤和栽培环境： 喜肥沃、保湿但排水良好的土壤，全日照。

繁殖： 仲春至晚春，于开花位置播种。挖出3mm深、隔25cm的条播沟播种，疏苗时间隔30cm。

↕ 90 cm~1 m　↔ 38~45 cm

花菱草

耐寒一年生，叶片呈青色至绿色，早夏至晚夏绽放大片亮橙黄色花朵，也有鲜红、深红、玫红、橙色、黄色、白色和红色的花朵。

土壤和栽培环境： 喜瘠薄但排水良好的土壤，全日照。

繁殖： 早春至晚春，在开花位置播种。挖出6mm深、行距23cm的条播沟播种，等幼苗长大一些可以取出时，疏苗相隔15~23cm。

↕ 30~38 cm　↔ 15~23 cm

沼花

　　耐寒一年生，早夏至晚夏绽放大片有香气的漏斗状黄色花朵，边缘为白色。

土壤和栽培环境： 喜瘠薄但排水良好的土壤，全日照。

繁殖： 早春至晚春，在开花位置播种。挖出3mm深、行距为15cm的条播沟播种，疏苗间隔15cm。

↕ 15 cm　↔ 15~23 cm

香雪球

　　亦称"*Alyssum maritimum*"，耐寒，一年生，常作为半耐寒一年生培育。早夏至晚夏开花，成簇，花朵呈白色、蓝紫色至紫色，或玫红至胭脂红。

土壤和栽培环境： 适宜较为肥沃、排水良好的土壤，全日照。

繁殖： 晚冬和早春在10~13℃环境中，浅浅地在播种盘里播种。等霜降威胁过后，将幼苗转移到间距更宽的播种盘中，降低温度，移栽到花境中。

↕ 7.5~15 cm　↔ 20~25 cm

矮牵牛

　　半耐寒，多年生，常作为半耐寒一年生培育。整个夏季绽放喇叭状的花朵，有白色、米色、粉色、红色、淡紫色和蓝色。

土壤和栽培环境： 喜肥沃、排水良好但保湿的土壤，全日照。

繁殖： 晚冬至早春，在15~18℃环境中，于培养土表面播种。等霜降威胁过后，将幼苗转移到间距更宽的播种盘中，降低温度，移到花境中。

↕ 15~30 cm　↔ 15~30 cm

其他夏季开花的一年生植物

- **金鱼草**（*Antirrhinum majus*，Snapdragon）：通常作为半耐寒一年生培育，也会作为耐寒一年生乃至耐寒多年生培育。花朵呈大片不规则形状，有多种颜色。

- **四季秋海棠类**（*Begonia semperflorens*，Fibrous-rooted Begonia/Wax Begonia）：柔嫩，多年生，常作为半耐寒一年生培育。叶片有光泽，呈亮绿色或紫色，花朵为红色、粉色或白色。

- **三色菊**（*Chrysanthemum carinatum*，Annual Chrysanthemum/Tricolored Chrysanthemum）：亦称"Chrysanthemum tricolor"，耐寒，一年生，花大，雏菊状，上有对比鲜明的色带。

- **醉蝶花**（*Cleome spinosa*，Spider Flower）：半耐寒，一年生，直立，花朵为粉色、玫红、淡紫色、紫色和白色。

- **南美天芥菜**（*Heliotropium arborescens*，Cherry Pie/Heliotrope）：半耐寒，多年生，常作为半耐寒一年生培育。开芳香花朵，似勿忘我，有深蓝紫色、薰衣草色、白色。

- **三月花葵**（*Lavatera trimestris*，Annual Mallow）：丛生，耐寒，一年生，绽放喇叭状粉紫色花朵。

- **"深红"大花亚麻**（*Linum grandiflorum* 'Rubrum'，Scarlet Flax）：耐寒，一年生，绽放绚丽的深红色花朵。

- **丝石竹**（*Gypsophila elegans*，Baby's Breath）：耐寒，一年生，绽放大片白色花朵。有几种品种很美妙，有粉色、玫红至粉红、胭脂红和淡紫色。

- **翼叶烟草**（*Nicotiana alata*，Flowering Tobacco Plant）：半耐寒，一年生，直茎，花朵呈松散成簇、芬芳馥郁的白色管状，有白色、米色、粉色、深红色、黄色至黄绿色。

- **南非山梗菜**（*Lobelia erinus*，Edging Lobelia/Trailing Lobelia）：半耐寒，多年生，常作为半耐寒一年生培育。绽放大片蓝色、白色、红色花朵。有些丛生，有些蔓生。

- **海滨涩芥**（*Malcolmia maritima*，Virginian Stock）：耐寒，一年生，绽放芳香花朵，十字形，有白色、粉色、红色、薰衣草色和紫色。

- **夜香紫罗兰**（*Matthiola bicornis*，Night-scented Stock）：耐寒，一年生，花芳香，开大片四瓣浅紫色至紫色的花朵。

- **黑种草**（*Nigella damascena*，Love-in-a-Mist）：耐寒，一年生，叶羽状，花为蓝色或白色。

- **虞美人**（*Papaver rhoeas*，Field Poppy）：耐寒，一年生，开花径7.5cm的红色花朵，中心为黑色，有粉色、橙红色和深红色等品种。

- **一串红**（*Salvia splendens*，Scarlet Salvia）：半耐寒，多年生，常作为耐寒一年生植物培育，花朵为鲜红色。

- **万寿菊**（*Tagetes erecta*，African Marigold）：半耐寒，一年生，深裂叶片，开柠檬黄花朵。品种较多，有矮生型。

- **孔雀草**（*Tagetes patula*，French Marigold）：半耐寒，一年生，花期为早夏至秋季，黄色或赤褐色，冠径各不相同——单瓣或重瓣，亦有矮生型。

春季开花的花坛植物

这些主要是二年生吗?

大部分春季开花的花坛植物是二年生的,即生长周期长达两年(见下文)。有几种二年生植物非常适合与郁金香等球根植物混栽(下面将列出一些美丽的组合方式)。此外,有些二年生植物适于打造轻松闲适的氛围,特别适合在村舍庭院或不规则花境中种植,如毛地黄和蜀葵。

二年生植物的特征

二年生植物头年播种,次年开花。但并非所有作为二年生植物栽种的都是天生如此,毛地黄和勿忘我等天生为二年生植物,而蜀葵、雏菊和桂竹香等则是作为二年生植物培育的耐寒多年生植物。

晚春和初夏,在排水良好的室外苗床条播沟里播种,一般深6mm(各二年生植物的具体深度详见下文)。等幼苗大一些,扩大苗间距(每种植物间距详见具体植物描述),留出更多生长空间。晚夏和早秋,将植株移到开花位置(间距见下文植物说明)。蜀葵等二年生植物非常适合在村舍庭院栽种,差不多整个夏季都会开花。

经典春季搭配

人们喜爱将郁金香和二年生植物混种在一起,春季形状和色彩形成鲜明对比,如下为几种参考方案。

· 郁金香常和桂竹香、勿忘我搭配,村舍群郁金香花头较大,呈卵状,骄傲地直立在较低矮的植物中。

· 郁金香可和重瓣雏菊混合形成一片花毯。若想搭配蓝色,可将开蓝花的鹦鹉群郁金香和勿忘我种在一起。

· 选择深红色达尔文群郁金香,与白色三色堇种在一起。

· 在单瓣早花金香"奎热斯克隆(Keizerskroon)"(红黄相间的花朵)之下种植黄色堇菜。

蜀葵

曾称为"*Althaea rosea*",耐寒,多年生,常作为二年生培育,有时作一年生培育。仲夏至晚夏,茎高挑,开黄色、粉色、红色和白色的花朵,有些为重瓣型。

土壤和栽培环境: 喜肥沃、保湿的土壤,避风位置。

繁殖: 早夏和仲夏,在6mm深的条播沟中,疏苗间隔25~30cm,栽种间隔45~60cm。

↕ 1.5~1.8 m ↔ 45~60 cm

雏菊

耐寒,多年生,常作为二年生培养,亮白色花朵略染上粉色,中心为黄色。品种较多,有白色、胭脂红、粉色、橙红色和浓艳的樱桃色。

土壤和栽培环境: 喜肥沃、排水良好但保湿的土壤,全日照或半阴。

繁殖: 晚春和早夏,在6mm深的条播沟中播种,疏苗间隔7.5cm,栽种间隔13~15cm。

↕ 2.5~10 cm ↔ 7.5~10 cm

风铃草

耐寒,二年生,直立茎,晚春至仲夏开放白色、粉色、蓝色或蓝紫色钟形花朵。

土壤和栽培环境: 喜较肥沃、排水良好的土壤,全日照。

繁殖: 仲春至早夏,在6mm深的条播沟中播种,疏苗间隔23cm,栽种间隔25~30cm。

↕ 38~90 cm ↔ 23~30 cm

须苞石竹

多年生，常作为二年生培育。早夏至仲夏，花大，花冠平展，其上开满有香气的单瓣或重瓣花朵，颜色丰富多样，有鲜红色、深红色、橙红色、樱桃色至粉色。

土壤和栽培环境： 喜排水良好的土壤，全日照。

繁殖： 晚春和早夏，在6mm深的条播沟中播种，疏苗间隔13～15cm，栽种间隔25～30cm。

↕ 30～60 cm　↔ 20～38 cm

毛地黄

耐寒，二年生，呈现出不规则特质，茎笔直。早夏和仲夏开满钟形花朵，色彩丰富，从紫色过渡到粉色、再到红色皆有。

土壤和栽培环境： 喜保湿土壤，半阴。

繁殖： 晚春和初夏，将花籽洒在户外苗床上，轻轻用钉耙翻进去。疏苗间隔15cm，栽种间隔38～45cm。

↕ 90 cm～1.5 m　↔ 45 cm

阿氏糖芥

亦称作"*Cheiranthus x allionii*"，耐寒，多年生，丛生，常作为二年生培育。仲春至早夏，末梢开放有气味的橙色花朵。

土壤和栽培环境： 喜肥沃、排水良好、略含白垩的土壤，全日照。

繁殖： 晚春和初夏，在6mm深的条播沟中播种，疏苗间隔13～15cm，栽种间隔25～30cm。掐除幼苗生长锥，以培养丛生特征。

↕ 30～38 cm　↔ 25～30 cm

小花勿忘草

耐寒，二年生，或为多年生，晚春和初夏开放蓝雾般的芬芳花朵。

土壤和栽培环境： 喜肥沃、保湿的土壤，半阴。

繁殖： 晚春至仲夏，在6mm深的条播沟中播种，疏苗间隔10～15cm，栽种间隔15cm。

↕ 20～30 cm　↔ 15～20 cm

其他春季开花的花坛植物

可用于春季花坛的二年生植物种类繁多，除配图介绍的这些外，还有其他可靠迷人的植物可供选择：

- 桂竹香（*Erysimum cheiri*，Wallflower）：亦称为"*Cheiranthus cheiri*"，耐寒，多年生，常作为二年生培育。仲春至早夏，末梢开放成簇的花朵，香气四溢，呈现出红色、黄色、橙色、白色以及玫红至粉红色调。晚春和初夏，在6mm深处播种，疏苗间隔15cm，栽种间隔25～38cm。

- 山柳菊叶糖芥（*Erysimum hieraciifolium*，Alpine Wallflower/Fairy Wallflower）：亦称为"Erysimum alpinum"，耐寒，二年生，晚春开放淡紫色和浅黄色的花朵。晚春和初夏，在6mm深的条播沟中播种，疏苗间隔10cm，栽种间隔10~15cm。

- 欧亚香花芥（*Hesperis matronalis*，Sweet Rocket）：耐寒，多年生，有时作为二年生培育。直立，疏松，初夏开放白色、淡紫色或紫色花朵。仲春至早夏，在6mm深处播种，疏苗间隔15~20cm，栽种间隔38~45cm。

- 银扇草（*Lunaria annua*，Honesty/Silver Dollar）：耐寒，二年生，晚春至早夏开放有香气的紫色花朵，随后形成迷人的种荚。晚春和初夏，在6~12mm深处播种，疏苗间隔15cm，栽种间隔30cm。

- 杂交三色堇（*Viola×wittrockiana*，Garden Pansy）：耐寒，二年生，花径为7.5cm的品种最为人熟知，晚春至仲夏开放红色、蓝色、白色和蓝紫色花朵。早夏和仲夏，在6mm深处播种，疏苗间隔10cm，栽种间隔23cm。也有夏季和冬季开花的品种。

多年生草本植物

什么是多年生草本植物?

这些植物可生长多年——一般为三四年——随后去除拥挤的根系分株,取下外层新株重新栽种,里层较老部分则需丢弃。每年春天,新芽长出地表,秋季地上部分枯死。一般此类会与球根植物组合种在花境中,常被统称为花境植物,两类结合能展现出别样美景。

在小庭院中种植

在小庭院布置草本植物花境,面积可能较小,或局限于一隅,而且不是又宽又直的长条形。也可打造小型"岛屿花坛"(从草坪中切出,周围都是草),可从四面欣赏。宽度不超过2.1m的岛屿花坛,常用于种植无需支架的植物,在小庭院中,这也就节省了存储植物支架的空间。

无论是种在一隅还是岛屿花坛中,乃至沿草坪边缘打造窄窄的花境,参差错落比齐整高度更富于趣味,同时也有许多高大挺拔的植物可以考虑,如百子莲属植物。

迷人的组合

· **黄蓝组合:** 将浅绿色叶片、开硫磺色黄花的柔毛羽衣草栽种在浓烈深紫色的无毛紫露草 "伊西斯" (*Tradescantia × andersoniana* 'Isis', Trinity Flower) 前面。

· **银色、蓝色和黄色组合:** 将开蓝花的早花百子莲和绽放柠檬黄花朵的黄花蓍草种在一起,周围种上银色叶片的绵毛水苏。

· **黄色与花叶禾草类植物组合:** 花境主导背景色,可在高挑的白绿花叶多年生禾草彩叶虉草(即玉带草, *Phalaris arundinacea* var. *picta*)前种植黄花蓍草。

黄花蓍草

耐寒,多年生草本植物,仲夏至秋季,头状花序,盘状,开放柠檬黄花朵,花径15cm。人工栽培品种包括"金织(Cloth of Gold)"(金色)和"金盘(Gold Plate)"(深黄色)。"金冕(Coronation Gold)"蓍草为深黄色。

土壤和栽培环境: 喜肥沃、排水良好但保湿的土壤,全日照。

繁殖: 早春将拥挤的植株取出进行分株,另行栽植母株外围幼株即可。

↕ 90cm~1.2m　↔ 75~90cm

早花百子莲

半耐寒,常绿,多年生,根部多肉。仲夏至晚夏,开亮蓝色和浅蓝色花朵,伞形花序。许多百子莲品种都很棒。

土壤和栽培环境: 喜肥沃、排水良好的土壤,全日照,避寒风。

繁殖: 春季将拥挤的植株取出进行分株,另行栽植仅取母株外围幼株即可。

↕ 60~75cm　↔ 45cm

柔毛羽衣草

耐寒,多年生草本。叶片呈圆形,浅绿色。早夏至晚夏,开放大片星星点点的硫磺色花朵。

土壤和栽培环境: 喜较为肥沃、保湿但排水良好的土壤,全日照或半阴。

繁殖: 秋季或春季将拥挤的植株取出分株,仅取母株外围幼株另行栽植即可。此外,它还会产生许多籽苗。

↕ 30~45cm　↔ 38~50cm

黄花葱

球根，草本，早夏和仲夏开亮黄色、星形花朵，簇成伞状，若将几个球根栽在一起，能够形成迷人的景观。

土壤和栽培环境：喜排水较好的轻质种植土，全日照。

繁殖：秋季取出拥挤的植株取出进行分株，移栽前避免球根变干。

⬆ 25~30 cm   ↔ 20~25 cm

多叶紫菀

亦称为"*Aster acris*"，耐寒，多年生草本，晚夏至秋季开放薰衣草蓝色的花朵，中心为金黄色，紧密成簇。还有其他类型的迷人草本紫菀，可在花境栽种，一些品种花期持续到秋季。

土壤和栽培环境：喜肥沃、保湿但排水良好的土壤，全日照。

繁殖：春季将拥挤的植株取出进行分株，将母株外围幼株另行栽植即可。

⬆ 60~75 cm   ↔ 38~45 cm

阿兰茨落新妇

耐寒，多年生草本，叶片羽状，似蕨类。早夏至晚夏开放金字塔形花朵，有多个品种，包括粉色、深红色、月季红、月季淡紫色和白色。

土壤和栽培环境：喜肥沃、保湿但排水良好的土壤，半阴或全日照。

繁殖：秋季或春季取出拥挤的植株进行分株。

⬆ 60~75 cm   ↔ 38~50 cm

蓝克美莲

球根，多年生。早夏至仲夏开花，星形，穗状花序，似火炬，有多种颜色，白色、蓝色和紫色。

土壤和栽培环境：喜肥沃、保湿的土壤，半阴或全日照。

繁殖：秋季取出拥挤的植株进行分株，较大的球根立即栽种，较小的则置于苗床，养到足够大再栽入花境。

⬆ 45~75 cm   ↔ 30~38 cm

轮叶金鸡菊

耐寒，长命，多年生草本，深裂叶片。早夏至晚夏，开放大片亮黄色花朵，有"大花（Grandiflora）"（浓艳的黄色花朵）和"萨格勒布（Zagreb）"（密致小巧的植株开放金黄色花朵）等品种。

土壤和栽培环境：喜排水良好但保湿的土壤，全日照。

繁殖：秋季或春季取出拥挤的植株进行分株。

⬆ 45~60 cm   ↔ 30~45 cm

美丽飞蓬

耐寒，多年生草本。早夏至晚夏开大片紫色花朵，形似雏菊。飞蓬还有许多其他品种，如淡粉色的"博爱（Charity）"、深蓝紫色的"暗舌（Darkest of All）"以及蓝紫色的"尊严（Dignity）"。

土壤和栽培环境：喜肥沃、保湿但排水良好的土壤，半阴或全日照。

繁殖：秋季或春季将拥挤的植株取出，分出母株外围幼株另行栽植即可。

⬆ 45~60 cm   ↔ 30~38 cm

堆心菊

　　耐寒，多年生草本。仲夏至早秋，开大片黄色花朵，似雏菊，中心较大、突出。还有几种很棒的堆心菊属植物（其中不少的高度很适合小庭院），颜色有橙色、铜黄色、棕色至红色以及深红至赤褐色。

土壤和栽培环境：喜排水良好但保湿的土壤，全日照。

繁殖：秋季或春季将拥挤的植株取出，分出母株外围幼株另行栽植即可。

↕ 1.2 m　↔ 38~45 cm

黄花萱草

　　耐寒，多年生草本。早夏和仲夏开较大的喇叭形硫磺色花朵。有许多杂交品种，有金色至黄色、粉色、橙色和砖红色。

土壤和栽培环境：喜肥沃、保湿但排水良好的土壤，半阴或全日照。

繁殖：秋季或春季，将拥挤的植株取出进行分株，另行栽植母株外围幼株即可。

↕ 75~90 cm　↔ 45~60 cm

火炬花

　　耐寒，多年生草本。早夏至秋季开花，似火炬。杂交品种丰富，从米白色和黄色到火红色皆有，高度各异，60cm~1.5m。

土壤和栽培环境：喜排水较好的土壤，全日照，避免冬季潮湿、过于肥沃的环境。

繁殖：早春取出拥挤的植株进行分株，避免伤及冠部。

↕ 60 cm~1.5 m　↔ 38~60 cm

大滨菊

　　亦称"*Chrysanthemum maximum*"，耐寒，多年生草本。早夏至晚夏，开较大的白色花朵，似雏菊，中心为金色，突出。有几种很棒的品种供选择。

土壤和栽培环境：喜肥沃、略呈碱性、排水良好但保湿的土壤，全日照。

繁殖：早春取出拥挤的植株分株，另行栽植母株外围幼株即可。

↕ 75~90 cm　↔ 30~45 cm

斑点珍珠菜

　　略带入侵性，多年生草本。早夏至晚夏开亮黄色杯状花朵。

土壤和栽培环境：喜较为肥沃、保湿但排水良好的土壤，半阴或全日照。

繁殖：秋季或早春，取出拥挤的植株分株，另行栽植母株外围幼株即可。

↕ 60~75 cm　↔ 38~45 cm

全缘金光菊

　　耐寒，多年生草本。仲夏至秋季，开大花，似雏菊，黄色花瓣，中心较大，为紫色至棕色，似锥形。有几种很棒的品种。

土壤和栽培环境：喜排水良好但保湿的土壤，全日照。

繁殖：秋季或春季取出拥挤的植株分株，另行栽植母株外围幼株即可。

↕ 60~90 cm　↔ 45~60 cm

"秋之喜悦"景天

亦称"红叶（Herbstfreude）"景天，耐寒，多年生草本，有肉质叶片。晚夏开花，花大，橙粉色，随后渐渐变为橙红色，仲秋至晚秋再变为橙褐色。

土壤和栽培环境： 喜保湿但排水良好的轻质种植土，全日照。

繁殖： 仲春取出拥挤的植株分株，分出母株外围幼株另行栽植即可。

↕ 45 cm ↔ 45～50 cm

杂交一枝黄花

耐寒，多年生草本。仲夏至秋季，开羽状花簇。有多种杂交品种，有矮生型，也有高大型。

土壤和栽培环境： 喜较肥沃、排水良好的轻质种植土，半阴或全日照。

繁殖： 秋季或春季，取出拥挤的植株分株，另行栽植母株外围幼株即可。

↕ 90 cm～1.5 m ↔ 25～60 cm

无毛紫露草"伊西斯"

亦称为"*Tradescantia virginiana* 'Isis'"，耐寒，多年生草本。早夏至晚夏，开浓艳的深紫色花朵，其他品种还有"白瓣（Osprey）"（白色）和"深紫花（Purple Dome）"（浓郁的紫色）。

土壤和栽培环境： 喜较为肥沃、排水良好但保湿的土壤，半阴或日照。

繁殖： 春季取出拥挤的植株分株，另行栽种母株外围幼株即可。

↕ 45～60 cm ↔ 45～50 cm

其他草本植物

- **刺老鼠簕**（*Acanthus spinosus*，Artist's Acanthus/Bear's Breeches）：耐寒，多年生草本，深裂多刺叶片。仲夏和晚夏开高挑的锥形白色和紫色花朵。

- **杂交秋牡丹**（*Anemone×hybrida*，Japanese Anemone/Japanese Windflower）：耐寒，多年生草本，茎直立。晚夏至早秋开白色到深玫红的花朵。

- **假升麻**（*Aruncus dioicus*，Goat's Beard）：耐寒，多年生草本。早夏时节，疏松的末端开米白色花朵。

- **心叶岩白菜**（*Bergenia cordifolia*）：引人注目，耐寒，圆形叶片，常绿，适宜花境栽种。早春至仲春开下垂的淡粉色钟形花簇。

- **高翠雀花**（*Delphinium elatum*）：耐寒，多年生草本，分组中有两个品种最为突出，高大群（Elatum）和丽花群（Belladonna）。前者直挺，密致地开满几种不同颜色的大朵小花；后者更疏松，外观典雅。

- **紫松果菊**（*Echinacea purpurea*，Purple Cone Flower）：耐寒，多年生草本。仲夏至秋季开花，花大，花径约10厘米，紫色至鲜红色，每朵花都有独立的橙色锥形中心。

- **恩氏老鹳草**（*Geranium endressii*，Crane's-bill）：耐寒，多年生草本，可作地被植物，深裂叶片。早夏直至秋季，开淡粉色花朵。

- **圆锥丝石竹**（*Gypsophila paniculata*，Baby's Breath）：耐寒，多年生草本。早夏至晚夏开大片白色小花。

- **暗叶铁筷子**（*Helleborus niger*，Christmas Rose）：耐寒，多年生草本，常绿的深绿色叶片。从仲冬至早春，开金色花药的白花。

- **多叶羽扇豆**（*Lupinus polyphyllus*，Lupin）：耐寒，多年生草本，茎高挑。早夏至仲夏，开蓝色或红色花朵。罗素羽扇豆有白色、红色、胭脂红、黄色、粉色或橙色的花朵。

- **皱叶剪秋罗**（*Lychnis chalcedonica*，Jerusalem Cross/Maltese Cross）：耐寒，多年生草本。仲夏到晚夏开花，花小，呈亮鲜红色，扁平。

- **美国薄荷**（*Monarda didyma*，Bee Balm/Oswego Tea）：耐寒，多年生草本。早夏至晚夏开花，花朵为艳丽的鲜红色，也有粉色、薰衣草色、蓝紫色和白色品种。

- **天蓝绣球**（*Phlox paniculata*，Fall Phlox/Summer Phlox）：耐寒，多年生草本。仲夏至秋季，顶生成簇紫色花朵，还有其他颜色的品种。

- **绵毛水苏**（*Stachys byzantina*，Lamb's Ear/Lamb's Tongue）：半耐寒，多年生草本，叶片覆有银色柔毛，仲夏开紫花。

- **杂交金莲花**（*Trollius×cultorum*，Globe Flower）：耐寒，喜潮湿，多年生草本。晚春和早夏开花，大花，似毛茛植物花朵。

灌木和小型乔木

小庭院中选择多吗？

许多灌木和乔木都适合在小庭院生长，有的为地被植物，有的则长势较高。一些灌木的花朵受人喜爱，有的则是因为叶片或浆果深受欢迎。大部分灌木都是耐寒的，在气候较温和的地区可以越冬。本节将配图介绍各种各样的小型乔木。

所需特质

- **天生娇小**：虽说需要娇小外观，但最好选择天生娇小迷人的灌木或乔木，而不是常常需要大幅修剪的——全靠修剪常常无济于事。

- **生长缓慢**：请别选用生长迅速、很快就会不满足于指定空间的灌木或乔木。使用生命力过于旺盛的植物也很浪费钱，因为没多久就需要挖出移除。

- **亮点多**：尽量选用至少能展现出两种观赏价值的灌木或乔木。

- **易成活**：请务必挑选健康的植株，别贪便宜购买廉价低劣的植株。

- **不具入侵性**：确保选用的植物没有侵略性——不会迅速占领其他植物的生存空间。

迷人的组合

- 将黄色喇叭形的水仙种在拉马克唐棣周围，后者为落叶灌木或小型乔木，春季开纯白色花朵，秋季叶片色彩斑斓。

- 将成片臭铁筷子（*Helleborus foetidus*，Stinking Hellebore）和腊梅（*Chimonanthus praecox*，Winter Sweet）种在一起，前者春季开黄绿相间花朵，后者于仲冬、晚冬或更晚时节绽放芬芳黄花。若想再加一抹色彩，可加入雪花莲（*Galanthus nivalis*，Snowdrops）。

- 将薰衣草（*Lavandula angustifolia*，Old English Lavender）种在一片淡粉色灌木月季花坛周围。

拉马克唐棣

耐寒，落叶灌木或小型乔木，仲春开纯白色花朵，秋季叶片色彩丰富——浅黄色和红色。

土壤和栽培环境：喜无石灰、保湿但排水良好的土壤，半阴或全日照。

繁殖：晚夏或早秋用低处枝条压条繁殖，亦可于春季将吸芽似的枝条从母株上分离出来，栽进苗床。

⬆ 3~4.5 m　↔ 3~3.6 m

"日耀"常春菊

亦称"*Senecio* 'Sunshine'"，常绿灌木，丛生，叶片银灰色，早夏和仲夏开亮黄色花朵，似雏菊。

土壤和栽培环境：喜疏松、排水良好但保湿的土壤，全日照。

繁殖：晚夏用低处枝条压条繁殖，约一年后扎根。亦可晚夏剪下7.5~10cm插条，插入装有等比湿润泥炭土和尖角砂粒的花盆中，置入植物罩温室。

⬆ 60 cm~1.2 m　↔ 90 cm~1.5 m

克兰顿莸

落叶灌木，丛生，叶片灰绿色。晚夏和秋季开花，蓝色，密集成簇，有"亚瑟·西蒙（Arthur Simmonds）"（亮蓝色）、"天蓝（Heavenly Blue）"（深蓝色）等品种。

土壤和栽培环境：喜较肥沃、排水良好的土壤，全日照，避寒风。

繁殖：晚夏剪下长7.5~10cm的插条，插入装有等比湿润泥炭土和尖角砂粒的花盆中，置入植物罩温室。

⬆ 60 cm~1.2 m　↔ 60~90 cm

岷江蓝雪花

半耐寒，落叶灌木，深绿色叶片，秋季变成浓艳的红色调。仲夏和晚夏顶生一簇簇蓝色花朵。

土壤和栽培环境： 喜肥沃、排水良好但保湿的土壤，半阴或全日照。

繁殖： 仲夏剪7.5～10cm的插条，插入装有等比湿润泥炭土和尖角砂粒的花盆中，置于温暖的环境中。

↕ 60～90 cm ↔ 60～90 cm

墨西哥橘

较柔嫩，常绿灌木，茂盛。仲春和晚春开一簇簇芬芳的白花，似橘花，有时花期持续整个夏天。

土壤和栽培环境： 喜肥沃疏松、排水良好的土壤，半阴或全日照。

繁殖： 仲夏剪7.5cm的插条，插入装有等比湿润泥炭土和尖角砂粒的花盆中，置于温暖的环境中。

↕ 1.5～1.8 m ↔ 1.5～2.1 m

丹氏岩蔷薇

亦称"*Cistus x lusitanicus*"，常绿灌木。早夏至仲夏开白色花朵，花径5cm，带有深红色斑点。

土壤和栽培环境： 喜贫瘠、排水良好的轻质种植土，全日照，避寒风。

繁殖： 仲夏剪7.5cm的插条，插入装有等比湿润泥炭土和尖角砂粒的花盆中，置于温暖的环境中。

↕ 30～60 cm ↔ 45～60 cm

"金翡翠"扶芳藤

耐寒，矮生常绿灌木，金色花叶，冬季染上棕粉色调。其他品种还有"丽翡翠（Emerald Gaiety）"（米白和绿色）以及"丑角（Harlequin）"（春季叶片白色与绿色相间）。

土壤和栽培环境： 喜较肥沃的园艺土，半阴或全日照（有助于叶片颜色呈现出最佳状态）。

繁殖： 秋季用低处枝条压条繁殖，约一年后扎根。

↕ 30～45 cm ↔ 45～60 cm

金钟连翘

耐寒，落叶灌木，早春和仲春开大片金黄色花朵，花期结束后叶片始出现。

土壤和栽培环境： 肥沃疏松、保湿的土壤，半阴或全日照。

繁殖： 早秋从当年生嫩枝条剪下长25cm的插条，插入苗床10～15cm深处，在每处插条底部洒上尖角砂粒。

↕ 1.8～2.4 m ↔ 1.5～2.1 m

"秋艳"长阶花

耐寒，常绿灌木，叶片有光泽。仲夏至秋季开深蓝紫色花朵。"仲夏艳（Midsummer Beauty）"品种开薰衣草紫色的花朵，可长到约1.2m。

土壤和栽培环境： 喜较肥沃、排水良好的土壤，全日照。

繁殖： 仲夏从不开花的嫩枝上剪下长7.5～10cm的插条，插入装有等比湿润泥炭土和尖角砂粒的花盆中，置于植物罩温室。

↕ 60～75 cm ↔ 60～75 cm

狭叶蜡菊

亦称"*Helichrysum angustifolium*"，常绿灌木，叶片窄，银灰色，似针，散发出咖喱的气味，芥末黄的花朵持续几乎整个夏季。

土壤和栽培环境：喜较贫瘠、排水良好的轻质种植土，全日照，避开湿冷土壤。

繁殖：仲夏从当年生嫩枝上剪下长7.5~10cm的插条，插入砂壤土中，置入植物罩温室。

↕ 30~38 cm   ↔ 38~60 cm

"海德柯特"金丝桃

耐寒，近乎常绿，丛状灌木，冠密集。仲夏至秋季开花径7.5cm的托盘状蜡质金黄色花朵。

土壤和栽培环境：喜肥沃、保湿但排水良好的土壤，全日照，避开阴暗处。

繁殖：仲夏从当年生嫩枝上剪下长10~13cm的插条，插入装有等比湿润泥炭土和尖角砂粒的花盆中，置入植物罩温室。

↕ 90 cm~1.5 m   ↔ 1.5~2.1 m

星花木兰

耐寒，生长缓慢，落叶灌木，树冠圆形。早春和仲春，开芳香花朵，星形，花径10cm。有几种形态，如花瓣较多的品种"睡莲（Waterlily）"。

土壤和栽培环境：喜疏松、排水良好但保湿的土壤，全日照，避风。

繁殖：早夏用低处枝条压条繁殖，约两年后扎根。

↕ 2.4~3 m   ↔ 2.4~3 m

杂交山梅花

耐寒，落叶灌木。早夏和仲夏开花，单瓣或重瓣，有香气，白色，杯形。许多杂交品种很适合小庭院。"雪崩（Avalanche）"高90cm~1.5m。

土壤和栽培环境：喜较肥沃、排水良好但保湿的土壤，半阴或全日照。

繁殖：秋季从木质化枝条上剪下长25~30cm的插条，插入苗床15cm深处。

↕ 90 cm~3 m   ↔ 90 cm~3.6 m

金露梅

耐寒，落叶，灌木，丛生，冠浓密。早夏至晚夏开大片毛茛黄的花朵——有时花期持续到秋季。有几个杂交品种，呈淡黄色、亮红色和橘红色。

土壤和栽培环境：喜保湿但排水良好的轻质种植土，全日照。

繁殖：晚夏从当年生嫩枝剪下7.5cm的插条，置入植物罩温室。

↕ 1~1.2 m   ↔ 1~1.2 m

"黄斑"药用鼠尾草

较柔嫩，常绿灌木（寒冷区域半常绿），绿色与金色相见的花叶。相关品种还有"紫芽（Purpurescens）"（嫩叶为紫色）以及"三色（Tricolor）"（灰色间绿色叶片点缀着米白色）。

土壤和栽培环境：喜排水良好的轻质种植土，全日照，避寒风。

繁殖：晚夏取7.5cm插条，插入装有等比湿润泥炭土和尖角砂粒的花盆中，置入植物罩温室。

↕ 45~60 cm   ↔ 38~45 cm

"尖齿"绣线菊

耐寒，落叶灌木，有迷人的中绿色叶片，仲春和晚春开大片纯白色花朵。

土壤和栽培环境： 喜肥沃、疏松、保湿但排水良好的土壤，全日照。

繁殖： 仲夏从当年生嫩枝上剪下7.5~10cm长的插条，插入装有等比湿润泥炭土和尖角砂粒的花盆中，置入植物罩温室。

⬆ 1.8~2.4 m ↔ 1.5~1.8 m

蓝丁香

耐寒，落叶，小叶丁香。早夏开蓝紫色至紫色花朵，圆锥花序，花密集，圆形花簇长约10cm，有时花期会延长。

土壤和栽培环境： 喜肥沃、疏松、排水良好但保湿的土壤，半阴或全日照。

繁殖： 仲夏切下7.5cm长的插条，基部带老枝，插入装有等比湿润泥炭土和尖角砂粒的花盆中，置于温暖的环境中。

⬆ 1.5~1.8 m ↔ 1.2~1.5 m

杂交锦带花

耐寒，落叶灌木，拱形树枝，早夏开大片花朵。有一些很棒的品种，如"亮粉锦带花（Abel Carrire）"（亮红色）、"布里斯托尔红宝石（Bristol Ruby）"（宝石红）以及"纽波特红（Newport Red）"（亮红色）。

土壤和栽培环境： 喜肥沃、疏松排水良好但保湿的土壤，半阴或全日照。

繁殖： 秋季从当年生的成熟枝条上剪下长25~30cm的插条，插入苗床15cm深处。

⬆ 1.5~1.8 m ↔ 1.5~2.4 m

其他灌木和乔木

- 达尔文小檗（*Berberis darwinii*, Darwin's Berberis）：耐寒，常绿灌木，仲春和晚春开深黄色花朵。叶小，多刺，似冬青。

- 大叶醉鱼草（*Buddleja davidii*, Butterfly Bush/Orange-eye Buddleia/Summer Lilac）：亦称"*Buddleia davidii*"，耐寒，落叶灌木，以长长的茎著称。仲夏和晚夏，拱形的茎开满羽状大花，芳香，丁香紫。有许多品种，呈深蓝紫色、淡紫色和白色。

- "金雾"帚石南（*Calluna vulgaris* 'Gold Haze'，Heather/Ling/Scotch Heather）：耐寒，常绿，低矮，成堆灌木，叶片为金色至黄色，晚夏至早秋开白花。

- 邱园白雀花（*Cytisus* × *kewensis*）：蔓生，落叶灌木，中绿色叶片。晚春和早夏开大片淡黄色花朵。

- 黄雀花（*Cytisus* × *praecox*，Warminster Broom）：耐寒，落叶灌木。晚春和早夏开米白色花朵。

- 欧亚瑞香（*Daphne mezereum*，February Daphne/Mezereon/Mezereum）：耐寒，落叶灌木。晚冬至春季开紫红色花朵，花开在光秃秃的茎上，随后长出鲜红色的有毒浆果。

- 短筒倒挂金钟（*Fuchsia magellanica*，Hardy Fuchsia/Lady's Eardrops）：较柔嫩，灌木，仲夏至秋季开放鲜红色和紫色花朵。

- 金缕梅（*Hamamelis mollis*，Chinese Witch Hazel）：耐寒，落叶灌木或小型乔木，初冬、仲冬开花，芳香，呈浓艳的金黄色，似蜘蛛。

- 绣球（*Hydrangea macrophylla*，Common Hydrangea/French Hydrangea）：耐寒，落叶灌木，可分两群——花序似拖把的圆顶群（Hortensias）和花序开张的平顶群（Lacecaps）。

- "重瓣"棣棠花（*Kerria japonica* 'Pleniflora'，Bachelor's Buttons/Japanese Rose）：耐寒，落叶灌木，茎修长，晚春和早夏开重瓣橙黄色花朵。

- "宽大"间型十大功劳（*Mahonia* × *media*，'Charity'）：耐寒，常绿灌木，独特的革质叶片。初冬至晚冬开深柠檬黄花朵，花序穗状。

- 紫斑牡丹（*Paeonia suffruticosa* subsp. rockii）：亦称"Joseph Rock"或"Rock's Variety"，较柔嫩，落叶灌木。早夏开白色花朵，上有褐紫红色至深红色斑点，浓艳鲜明。

- "黄叶"西洋山梅花（*Philadelphus coronarius* 'Aureus'）：耐寒，落叶灌木，丛生，早夏、仲夏开花，散发橘花香味，米白色。不过，该植物最令人称道的还是美丽的金黄色叶片。

- 毛萼裂叶罂粟（*Romneya coulteri* var. *trichocalyx*，Californian Tree Poppy/Tree Poppy）：耐寒，半木质灌木，青绿色叶片。仲夏至晚夏开白色花朵，略带香气，似罂粟花。

墙基灌木

为什么要栽种墙基灌木?

墙基灌木栽种在小庭院中非常合适,能够在空间有限的条件下栽种更多植物。此外,柔嫩的灌木需要朝阳墙体保暖挡风。一些墙基灌木可能过于活跃,不适合小庭院,但许多是可控、可适应环境的,非常适宜在空间有限的区域中栽种(见下文)。该类植物种类繁多,有冬日开花品种,也有可用叶片、浆果或花朵布满墙面的。

所需特质

- **可控,可适应:**少数墙基灌木的大小可通过培育或修剪来调控,如落叶的平枝枸子可沿着墙面向上和侧面伸展。可通过修剪来控制其长势,但请勿破坏灌木的形状。迎春花茎部柔韧,可用铁丝拴起控制高度——在窗下尤其管用。
- **阳面还是阴面:**柔嫩的墙基灌木需温暖的墙面,迎春花则喜爱在阳光较少的阴冷面生长。
- **矮生:**需保证所选墙基灌木的高度和冠径不会超出所给空间,若总要移除,从长远来看可不便宜。

其他适用于小庭院的墙基灌木

- **巴西苘麻**(*Abutilon megapotamicum*):半耐寒,茎修长,墙基灌木。整个夏季至早秋绽放引人注目的花朵,黄色花瓣,红色花萼,紫色花药。

  株高:1.5~2.1m　冠径:1.5~2.1m
- **法兰绒花**(*Fremontodendron californicum*):亦称 "Fremontia californica",较柔嫩,落叶或半常绿墙基灌木。整个夏季和早秋开杯形金黄色花朵,花径约5cm。

  株高:1.8~3m　冠径:1.8~3 m
- **丝缨花**(*Garrya elliptica*,Silk Tassel Bush):耐寒,常绿灌木,晚冬垂下长长的灰绿色柔荑花序——在气候温和地区有时更早。

  株高:2.4~3m　冠径:1.8~3 m

匍匐聚花美洲茶

常绿,灌木,冠圆球状,可培育靠墙生长。晚春和初夏开出一簇一簇浅蓝色小花。

土壤和栽培环境:喜中性至略呈酸性、排水良好但保湿的轻质种植土,挡风处。

繁殖:仲夏剪下7.5cm插条,插入装有等比湿润泥炭土和尖角砂粒的花盆中,置于温和环境中。

↕1.2~1.5 m　↔1.2~1.8 m

平枝枸子

耐寒,低矮,落叶灌木,冠开展。枝条最初为水平方向生长,但随后很快直立。早夏开粉色花朵,随后长出红色浆果,直至冬季。

土壤和栽培环境:喜排水良好的土壤,全日照或半阴。

繁殖:晚夏或秋季,用低处枝条压条繁殖,约两年后扎根。

↕60~90 cm　↔1.2~1.8 m

迎春花

落叶,疏松,墙基灌木,茎有韧性。晚秋至晚春,亮黄色的花朵在光秃秃、没有叶子的枝上盛开。

土壤和栽培环境:喜排水良好的土壤,靠墙——背靠光照较少的阴面墙体长势较好。

繁殖:最简单的繁殖方式,即晚夏和早秋用低处茎压条繁殖,约一年后扎根。

↕1.8~2.1 m　↔1.8~2.1 m

藤蔓植物

在小庭院种植藤蔓植物的成功秘诀，即避开生命力过于旺盛的品种，尤其是那种秋季让满墙覆盖上彩色叶片的大叶繁茂类型了。实际上，有许多花型独特的藤蔓植物会让你心满意足，如若想形成叶片茂盛的屏风，可以选择草本藤蔓植物"黄叶"啤酒花——每年春天都会形成一大片嫩绿的叶片。

藤蔓植物可控吗？

藤蔓植物习性

藤蔓植物所需的支撑物取决于它们各自的习性。

· **倚靠：** 在野外，此类常常倚靠旁边的植物，在庭院中则需要支架，如巴西茼麻和迎春花。

· **自附：** 这些藤蔓植物很成功，使用吸盘和气生根获取支撑，如洋常春藤（*Hedera helix*，Ivies）。

· **卷须或叶柄：** 在野外，它们需要多枝的宿主，在庭院中则须安排支架，如铁线莲、香豌豆（*Lathyrus odoratus*，Sweet Pea）和西番莲。

· **茎缠绕：** 这类植物会缠绕在周边植物上，在庭院中则需要使用格子棚架或铁丝支撑，如"黄叶"啤酒花、忍冬属植物以及素馨花（*Jasminum officinale*，White Jasmine）。

其他适于小庭院的铁线莲属植物

· **高山铁线莲**（*Clematis alpina*）：美丽柔弱却繁茂，落叶藤蔓植物。仲春和晚春开下垂的杯状蓝紫色至蓝色花朵，有几种很棒的品种，如"弗朗西斯·里维斯（Frances Rivis）"。

　株高：1.8~2.4m　冠径：1.5~1.8m

· **华丽铁线莲**（*Clematis flammula*）：耐寒，落叶，丛生的藤蔓植物。晚夏至秋季开纯白色花朵，芳香，穿梭于其他植物中最为美妙。

　株高：2.4~3m　冠径：1.5~1.8m

· **大瓣铁线莲**（*Clematis macropetala*）：修长，丛生，落叶藤蔓植物。晚春和初夏开浅蓝和深蓝的低垂钟形花朵。

　株高：2.4~3.6m　冠径：1.8~2.4m

杂交大花铁线莲

落叶藤蔓植物，花大，多数为单花，夏季开放，不同品种绽放时间有所差别，色彩丰富，有单一色彩品种，也有夹杂带状或条纹其他色彩的品种。

土壤和栽培环境： 喜肥沃、中性至略呈碱性的土壤，全日照——但根部要遮阴。

繁殖： 仲夏从半成熟的嫩枝上剪下7.5cm插条，插入装有等比湿润泥炭土和尖角砂粒的花盆中，置于温和环境中。

↕ 1.2~4.5 m　↔ 1.2~3 m

金毛铁线莲

耐寒，落叶藤蔓植物，似绣球藤（*Clematis montana*, Mountain Clematis），但生命力不如绣球藤旺盛。早夏和仲夏（有时推迟）开花，单花，白色，上有粉色，托盘状。

土壤和栽培环境： 喜肥沃、中性至略呈碱性的土壤，全日照，但根部要遮阴。

繁殖： 仲夏从半成熟的嫩枝上剪下7.5cm插条，插入装有等比湿润泥炭土和尖角砂粒的花盆中，置于温和环境中。

↕ 2.4~3 m　↔ 2.4~3 m

西番莲

较柔嫩，蔓生，落叶藤蔓植物。早夏至晚夏开花，花大，花径约7.5cm，白色花瓣，中心为蓝紫色。

土壤和栽培环境： 喜较肥沃、排水良好的土壤，半阴或全日照。

繁殖： 仲夏剪下7.5cm插条，插入装有等比湿润泥炭土和尖角砂粒的花盆中，置于温和环境中。

↕ 1.8~3 m　↔ 1.8~2.4 m

岩生植物

什么是岩生植物?

岩生植物种类非常丰富，从高山植物到球根、矮生针叶树和灌木都有。而大部分植物均为小巧且多彩多姿的多年生植物，如金庭荠、南庭芥（*Aubretia*）、南芥（*Arabis*，Rock Cress）和虎耳草属植物。有时，在山里雪线之下，林木线之上也可发现高山植物。在小庭院中，选用小型岩生植物很重要。

植物类型

- **鳞茎与球茎：** 各类小型植物——选择合适品种，它们天生精致，很多在冬春绽放花朵。
- **岩生多年生：** 种下后，此类植物能奉上一片绚烂美景，直至根系拥挤需要取出分株。许多品种在秋季地上部分会枯死，待到来年春天又会发新芽。
- **一年生植物：** 一年生植物深受欢迎，价格便宜，适于填满新建岩石园的裸露区域，耐寒和半耐寒类型都可以用上。
- **矮生灌木和乔木：** 落叶和常绿型，有匍匐式，也有直立或冠圆球状。
- **小型针叶树：** 有多种形状，包括圆锥形、扁平形和小圆面包形。如果太大了，请移至花境。

其他小型球根植物

- **雪百合**（*Chionodoxa luciliae*，Glory of the Snow）：晚冬和早春会开出大量中间为白色的浅蓝色花朵。
- **金黄番红花**（*Crocus chrysanthus*）：晚冬和早春开金黄色、球形花朵，也有白色、蓝色和紫色品种。
- **菟葵**（*Eranthis hyemalis*，Winter Aconite）：晚冬和春季开柠檬黄杯状花朵，边缘为浅绿色。
- **丹佛鸢尾**（*Iris danfordiae*）：仲冬至晚冬开花，蜜香，鲜艳柠檬黄色。
- **网状鸢尾**（*Iris reticulata*）：晚冬和早春开花，蓝紫色，有橙色的脊。
- **黄裙水仙**（*Narcissus bulbocodium*）：晚冬和早春开花，黄色，似圈环裙。

匙叶南庭荠

耐寒，生长缓慢，常绿，多年生。早春至早夏开大片花朵，十字形，玫红至丁香紫到紫色。

土壤和栽培环境： 喜排水良好、略含白垩的土壤，全日照。

繁殖： 仲春至早夏，松散地、均匀地在户外苗床播种。在6mm深、行距为20cm的条播沟播种。亦可在晚夏和早秋将拥挤的植株取出进行分株。

↕7.5~10 cm ↔45~60 cm

金庭荠

亦称"*Alyssum saxatile*"，耐寒，常绿灌木，灰绿色叶片。仲春至早夏开大片黄色花朵。品种有"柠檬（Citrina）"（亮柠檬色至金色）和"密花（Compacta）"（矮生金黄色）等。

土壤和栽培环境： 喜排水良好的土壤，全日照。

繁殖： 早春在花盆里播种，置于植物罩温室中。亦可在早夏时节剪下长5cm的插条扦插。

↕20~25 cm ↔30~45 cm

圣塔虎耳草

莲座状暗绿色叶片，早夏至仲夏开花，纯白色，星星点点，羽状。品种"南边苗（Southside Seedling）"很适合栽种于岩石缝隙中。

土壤和栽培环境： 喜排水良好、多沙、略含白垩的土壤，置于半阴、挡风处。

繁殖： 早夏，分出莲座丛中不开花的带根短匍茎，插入装有等比湿润泥炭土和尖角砂粒的花盆中，置于玻璃温室中。

↕30~45 cm ↔30~38 cm

水生和水缘植物

　　大部分水池都是用预制刚性衬垫或柔性衬垫构筑而成。在开始修筑工程前应先确保预制刚性衬垫之下有坚实的、无扭曲的基底，以及其下没有尖锐物体会穿破衬垫。水面可设在地面高度，或抬高便于观赏植物和鱼类。池中和岸边有多种植物可供选择。

修建水池难不难?

植物类型

- **沼生植物:** 此类植物的根系始终在湿润土壤中，叶片、茎以及花朵则在培养土表面之上，这些植物喜爱湿润环境，也适宜种植在岸边。

- **深水植物:** 根在水下生长，而叶片和花朵则浮于或高于水面。

- **浮水植物:** 叶片与茎自由地飘荡在水面，根在水面之下，通常为蔓生。

- **水缘植物:** 根系在水下，叶片与花朵在水面之上，此类植物种在水池边缘，但是仍在水中。

- **造氧机:** 整株植物都在水下，根系在容器中，又称水草。

- **睡莲:** 引人注目，大受欢迎，根系都在水下，叶片与花朵均露出水面。种类丰富，有适于不同大小和深度的品种。

适于不同水池的睡莲

　　水池水深不同——以容器边缘到水面计算。

- **微型睡莲**　水深:不超过23cm。冠径:30~60cm。

- **小型睡莲**　水深:15~45cm。冠径:60cm~1.2m。

- **中型睡莲**　水深:30~60cm。冠径:1.2~1.5m。

- **大型睡莲**　水深:45~90cm。冠径:1.5~2.4m。

睡莲种植

　　晚春或早夏采购睡莲，那时它们刚刚开始生长。如要推迟种植，切记保持根部湿润。

"花叶"黄菖蒲

　　水缘植物，草本植物，直立似剑，叶片为青绿色，上有黄色条纹，早夏开黄色花朵。

土壤和栽培环境: 喜肥沃的土壤，水中深15cm处，全日照。

繁殖: 花朵枯萎后，立即取出拥挤的根系分株，亦可趁植物长势较好、地下茎较明显时分株。

⬆ 75~90 cm　↔ 38~45 cm

黄苞沼芋

　　沼生植物，耐寒，草本，叶片呈椭圆形，草绿色，约90cm长。早春至晚春开花，由深黄色佛焰苞组成。

土壤和栽培环境: 喜池边肥沃、保湿的土壤。

繁殖: 从拥挤的根系外层分出新株，栽入新盆，保持培养土湿润。

⬆ 60~90 cm　↔ 60~75 cm

睡莲属

　　许多耐寒睡莲均栽种于室外水池，多年生，茎叶秋天枯死。整个夏季开花，有白色、粉色、红色、铜色和黄色。

土壤和栽培环境: 装在有塑料网格和富含有机质土壤的容器中，选择适合庭院水深的品种(见上文)。

繁殖: 早春到仲春池水抽干时，取出拥挤的植株进行分株。

⬆ 水面　↔ 取决于植株活力

竹类

竹类是什么？

竹类属于禾草类，它们是常绿植物，竹竿挺立，中空。它们往往一丛一丛地生长，有的具有入侵性不适宜小庭院。成活后，竹类便无须费心照料，只需确保它们不要扩张得太远。有些可以盆栽，下面列出其中的三种。

盆栽竹类

可盆栽的竹类种类繁多，高度各不相同。若所在地区风大，请选择较矮的竹类，或栽种于可挡风的风障绿篱附近。

低矮型：90cm~1.2m

· 花杆苦竹：紫绿色竹竿，美妙的金黄色花叶叶片，上有淡绿色条纹。

中型：1.8~2.4m

· 神农箭竹：亮绿色竹竿成熟后变成暗黄色，叶片呈深绿色。

高挑主导型：2.4~3.6m

· 矢竹（*Pseudosasa japonica*，Arrow Bamboo）：竹竿先呈橄榄绿，成熟后为黯淡无光的绿色，尖叶片呈有光泽的深绿色。

竹类在小庭院中具有入侵性吗？

一些竹类具有较强的入侵性，在小庭院中可能会占领邻居家地盘。竹类可根据生命力划分为如下几类。

· **丛生，无入侵性：** 此类不会引发问题，非常适宜在小庭院栽种，如神农箭竹和华西箭竹。

· **略带入侵性，但容易控制：** 成活后，定期砍伐新笋很有必要，也可在距边界处15cm处安装合适的金属屏障，引入一条50cm深的沟，将屏障的7.5cm置于表面之上。

· **入侵型：** 此类长势疯狂，不宜在小庭院中栽种。

神农箭竹

亦称"*Arundinaria murieliae*"，耐寒，优雅，丛生，无入侵性，拱形，亮绿色竹竿，成熟后变成暗绿色。叶片深绿，狭长椭圆状。

土壤和栽培环境： 喜肥沃、保湿但排水良好的土壤，半阴或全日照。

繁殖： 春季新生长期开始时，取出拥挤的根系进行分株。

↕1.8~2.4m

紫竹

耐寒，典雅，常绿，丛生，幼竿最初为绿色，但两三年中会变得乌黑。叶片为深绿色。略有入侵性，但很容易控制住。

土壤和栽培环境： 喜肥沃、保湿但排水良好的土壤，全日照，在干燥土壤中竹竿更易呈现出最佳色彩。

繁殖： 春季新生长期开始时，取出拥挤的根系进行分株。

↕2.4~3m

山白竹

亦称"*Arundinaria veitchii*"，耐寒，入侵性，生长缓慢，竹竿修长，紫绿色。叶片有光泽，面光滑，深绿浓艳，约长25cm。

土壤和栽培环境： 喜肥沃、保湿但排水良好的土壤，喜斑驳阳光。

繁殖： 春季新生长期开始时，取出拥挤的根系进行分株。

↕90cm~1.5m

观赏性禾草类植物

观赏性禾草类植物与草坪用草不同，更适合在庭院的花境或花坛中栽种或播种。有些为一年生，还有的则是草本，少数为多年生。此外，一些禾草类植物可做成干花用于室内装饰。在庭院中，禾草类植物往往能引入艺术元素，形状别具一格，色彩与其他植物相映成趣。

什么是观赏性禾草类植物？

如何使用观赏性禾草类植物？

观赏性禾草类植物在庭院中可有多种用途。

- **一年生禾草类植物：**可用于填充刚栽种草本植物或混合花境的裸露区域，播种后几个月就能长成一片风景。
- **草本禾草类植物：**可在花坛中完全使用该类植物，或与其他植物混合栽种。
- **多年生禾草类植物：**如蒲苇，长长的花头毛茸茸的，在花坛与草坪接合处看起来很美。
- **盆栽禾草类植物：**摆在露台（适合栽种的植物种类见右栏）。
- **主导禾草类植物：**壮观的荻草（Miscanthus sacchariflorus）能长3m高，可形成一片独特。迷人又实用的屏风。

适于盆栽的禾本和莎草类植物

许多禾草类和莎草类植物盆栽都会茁壮成长，但需确保夏季根部不会太干燥。土壤干燥时，莎草类植物容易受伤。

- **"金叶"石菖蒲**（Acorus gramineus 'Ogon'）：最初直立，之后呈拱形，花叶，绿色叶片狭长尖细，上有金色。
- **"黄纹"八丈薹草**（Carex oshimensis 'Evergold'）：拱形，绿色和黄色的花叶，此外还有其他适宜盆栽的薹草。
- **灰蓝羊茅**（Festuca glauca）：丛生，叶片色彩丰富，有青色、青绿色和银蓝色。非常适合盆栽，便于观赏华丽的侧面。
- **"白金"箱根草**（Hakonechloa macra 'Alboaurea'）：如瀑布般下垂，叶片长，拱形，有金色和米白色条纹。

薏苡

半耐寒，一年生禾草类，叶片宽，矛状，淡绿至中绿色。仲夏至早秋结灰绿色木质果实，可食用，垂悬如泪珠，成簇。

土壤和栽培环境：喜肥沃、保湿但排水良好的土壤，全日照。

繁殖：晚冬和早春时节浅浅地在花盆里播种，等霜降威胁过后移栽入花境。

↕ 45～60 cm ↔ 25～30 cm

蒲苇

多年生常绿禾草类，叶片修长，茎高挑，木质。晚夏至晚冬开毛茸茸、银色羽状花，长约45cm。在小庭院中，最适合种植的品种是矮蒲苇。

土壤和栽培环境：喜肥沃、保湿的土壤，全日照。

繁殖：春季取出大根系分株，分出外层重栽新株。不过，这种做法有损母株形状。

↕ 1.5～2.4 m ↔ 1.5～2.1 m

"白金"箱根草

耐寒，瀑布状下垂，多年生禾草类植物，花叶狭长闪亮。很适合栽种于花台或露台花盆。还有其他迷人的品种，如黄色叶片，上有狭窄绿色条纹的"金线（Aureola）"。

土壤和栽培环境：喜较为肥沃、排水良好的土壤，全日照。

繁殖：春季取出拥挤的根系进行分株。

↕ 25～30 cm ↔ 75～90 cm

盆栽植物

**哪些容器
最适合?**

在小庭院,有条件处可使用窗槛花箱、壁式花篮、食槽式花槽和吊篮等悬空容器,增添特色。请务必避免下列事情:容器摆放位置向下面的植物滴水、脏水不会流淌到彩色的墙面,砸到过路行人。

吊篮成功秘诀

· 请不要将各种植物塞满一个篮子,成活后,少数苗壮的植株比一堆拥挤的植株更美观。

· 请不要塞进各种植物,12株完全不同的植物也许不如同样数目的4个品种赏心悦目。

· 在吊篮中栽种时,请选择蔓生、丛生、直立的植物混合种在一起。

· 在吊篮栽种单一品种会显得独特而迷人。

· 若想打造丰富的色彩变化,可尝试变换颜色:将同类植物的不同颜色混搭在一起,可以让吊篮五彩缤纷,同时也不会让某些植物过多,喧宾夺主。

单一品种栽种

这种方法越来越受欢迎,如下为几种参考方案。

· **"阳光"蒲包花**(*Calceolaria integrifolia* 'Sunshine', Slipper Flower):半耐寒,多年生,开黄色的"球"(见第55页)。

· **瀑布天竺葵**(*Cascade Geraniums*, Continental Geraniums):半耐寒,一年生,整个夏季开大片花朵,有多种颜色(见第55页)。

· **南非山梗菜**(*Lobelia erinus*, Edging and Trailing Lobelia):半耐寒,一年生,丛生或蔓生,混合或单一颜色(见第55页)。

白舌春黄菊

亦称为"*Anthemis cupaniana*",花期短,草本,多年生。早夏至晚夏开大片白花,中间为亮黄色,似雏菊。叶片深裂,灰色。

土壤和栽培环境:喜壤土为主、排水良好的轻质种植土,全日照,避寒风。

繁殖:春季取出拥挤的植物进行分株,另行栽植母株外围幼株即可。

↕ 15~20 cm　↔ 30~38 cm

洒金桃叶珊瑚

亦称"*Aucuba japonica* 'Maculata'",耐寒,常绿灌木,叶片深绿色,上有黄色斑点。非常适合大桶。

土壤和栽培环境:喜排水良好、保湿、以泥土为主的培养土,半阴或全日照。

繁殖:晚夏从当年生嫩枝上剪下10~13cm插条,插入装有等比湿润泥炭土和尖角砂粒的花盆中,置于植物罩温室中。

↕ 1~1.2 m　↔ 90 cm~1.2 m

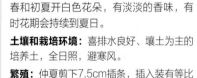

"太阳舞"墨西哥橘

较柔嫩,常绿灌木,金黄色叶片,晚春和初夏开白色花朵,有淡淡的香味,有时花期会持续到夏日。

土壤和栽培环境:喜排水良好、壤土为主的培养土,全日照,避寒风。

繁殖:仲夏剪下7.5cm插条,插入装有等比湿润泥炭土和尖角砂粒的花盆中,置于植物罩温室中。

↕ 75 cm~1 m　↔ 75~90 cm

大瓣铁线莲

茎修长，多年生，丛生藤蔓植物。晚春和初夏开浅蓝色和深蓝色的花朵。若种在大桶或大花盆顶部，会向四面蔓生，非常壮观。

土壤和栽培环境：喜肥沃、中性至略微呈碱性的培养土，基于泥土，全日照。

繁殖：仲夏剪下7.5cm插条，插入装有等比湿润泥炭土和尖角砂粒的花盆中，置于植物罩温室中。

↔ 蔓生1.5~2.1m

八角金盘

较柔嫩，常绿灌木，叶片大，有光泽，如手掌。秋季开白色花朵，花期常常持续到冬季。

土壤和栽培环境：喜排水良好但保湿的轻质种植土，置于半阴或全日照之处，避寒风。

繁殖：春季将萌蘖枝插入装有等比湿润泥炭土和尖角砂粒的花盆中，置于植物罩温室中。

↕ 1.5~2.1 m ↔ 1.5~1.8 m

"花叶"安氏长阶花

较柔嫩，常绿灌木，米色和绿色的花叶，仲夏至早秋开薰衣草蓝色的花朵。

土壤和栽培环境：喜轻质、排水良好但保湿的壤土为主的培养土，置于全日照处，避寒风。

繁殖：仲夏剪下7.5cm插条，插入装有等比湿润泥炭土和尖角砂粒的花盆中，置于植物罩温室中。

↕ 75~90 cm ↔ 60~90 cm

平卧蓝目菊

亦称"*Dimorphotheca ecklonis* 'Prostrata'"，柔嫩，多年生。仲夏和晚夏开花，白色花瓣，中间为芥末黄色。

土壤和栽培环境：喜排水良好、保湿、壤土为主的培养土，全日照。

繁殖：仲夏从侧发嫩枝剪下5cm插条，插入装有等比湿润泥炭土和尖角砂粒的花盆中，置于植物罩温室中。

↕ 15~23 cm ↔ 30~38 cm

其他吊篮植物

· "中国灯笼"蔓生多花金鱼草（*Antirrhinum pendula multiflora* 'Chinese Lanterns'）：半耐寒，一年生，似瀑布下垂。有不同颜色的花朵，亦有双色品种，独具一格。

· "阳光"蒲包花（*Calceolaria integrifolia* 'Sunshine', Slipper Flower）：半耐寒，一年生，蔓生，似瀑布下垂，开亮黄色花朵，似口袋。

· 同叶风铃草（*Campanula isophylla*, Italian Bellflower/Star of Bethlehem）：耐寒，一年生，蔓生，似瀑布下垂，开大片星形蓝色或白色花朵。

· 瀑布天竺葵（*Cascade Geraniums*, Continental Geraniums）：半耐寒，一年生，似瀑布下垂，开大片花朵，有鲜红色、橙红色、粉色和淡紫色调，很快就能让容器色彩缤纷。

· 具柄蜡菊（*Helichrysum petiolare*）：半耐寒，多年生，茎长，蔓生，叶片迷人。品种较多，有些为单色叶片，有些为花叶。

· 倒挂金钟（*Fuchsia*, Lady's Eardrops）：柔嫩，多年生，许多似瀑布下垂，很适合用于吊篮中心装饰，花别具特色，色彩丰富。

· 南非山梗菜（*Lobelia erinus*, Edging and Trailing Lobelia）：半耐寒，一年生，丛生或蔓生，有白色、蓝色或红色花朵。

· 香雪球（*Alyssum maritimum* pendula）：半耐寒，一年生，蔓生，开米色、紫色、粉色、玫红色和紫色花朵。

· 盾叶天竺葵（*Pelargonium peltatum*，Trailing or Ivy-leaved Geranium）：柔嫩，多年生，蔓生，似瀑布下垂。品种较多，有白色、粉色、橙红色、丁香紫和红色。

· "幻想"多花矮牵牛（*Petunia milliflora* 'Fantasy'）：半耐寒，一年生，密致，开喇叭形花朵，颜色多种。

小型针叶树

它们适合小庭院吗？

生长缓慢的小型针叶树用途广泛，尤其是在小庭院中。小而笔直的类型，如"津山桧"欧洲刺柏（见下文）可栽种于冬季开花的窗槛花箱，其他的则可栽种于花桶和大花盆（具体品种见下文）。它们也非常适合岩石园和岩屑花坛，可栽种于春季开花的球根植物之间制造高差和小焦点。在水槽盆景设计中，小型针叶树也很合适。

适于盆栽、生长缓慢的针叶树

- **"金线柏"日本花柏**（*Chamaecyparis pisifera* 'Filifera Aurea'）：常绿针叶树，圆锥形轮廓，枝条伸展，长满似针的金黄色叶片，最终形成似拖把的轮廓。
- **"埃尔伍德"美国扁柏**（*Chamaecyparis lawsoniana* 'Ellwoodii'）：常绿针叶树，叶片短，灰绿色，羽状，冬季会变成铁青色调。
- **"矮黄"千头柏**（*Platycladus orientalis* 'Aurea Nana'）：亦称"Thuja orientalis 'Aurea Nana'"，耐寒，常绿针叶树，呈整洁的圆形，叶片为浅黄绿色。
- **"矮金"北美乔柏**（*Thuja plicata* 'Stoneham Gold'）：耐寒，常绿针叶树，圆锥形轮廓，明亮的金色叶片，末梢为黄铜色。在灰暗的冬日，叶片始终保持迷人状态。

其他生长缓慢的小型针叶树

- **哈德逊胶冷杉**（*Abies balsamea* 'Hudsonia'）：耐寒，密致，生长非常缓慢，针叶树，顶部略平，叶片灰色，仲夏变为中绿色。

  株高：45~60cm 冠径：50~60cm
- **"埃尔伍德黄金柱"美国扁柏**（*Chamaecyparis lawsoniana* 'Ellwood's Gold Pillar'）：耐寒，常绿，尖塔状，生长缓慢，密致，布满金黄色叶片。

  株高：75~90cm 冠径：25cm
- **"津山桧"欧洲刺柏**（*Juniperus communis* 'Compressa'）：耐寒，生长缓慢，针叶树，密致，似圆柱，叶片绿色，底色为银色。适宜在小岩石园种植，也适合种于石槽或岩屑堆花坛创造的微型庭院。

  株高：30~45cm 冠径：10~15cm

"金叶疏枝"欧洲刺柏

耐寒，伸展，常绿针叶树，略似羽状。叶片春夏为亮黄色，秋季转为青铜色。适宜在大型岩石园种植，也可沿小径种植，树枝会覆盖道路边缘。

土壤和栽培环境： 喜排水良好但保湿的土壤，半阴或全日照。

修剪： 无须修剪。

↕30~38 cm ↔1.2~1.5 m

"尖塔"白云杉

亦称"*Picea glauca* 'Albertiana Conica'"，耐寒，生长缓慢，针叶树，有独特圆锥形轮廓。密致地布满柔软的草绿色叶片，春天新芽出现时尤为迷人。

土壤和栽培环境： 喜排水良好的土壤，全日照。

修剪： 无须修剪。

↕75~90 cm ↔75~90 cm

"斯坦迪什氏"欧洲红豆杉

亦称"*Taxus baccata* 'Fastigiata Standishii'"，耐寒，常绿，生长缓慢，圆柱体。密致地布满金黄色叶片，冬季尤为迷人。

土壤和栽培环境： 排水良好的土壤，全日照。

修剪： 无须修剪。

↕1.2~1.5 m ↔25~30 cm

烹饪香草

　　小庭院可栽种各种各样香草植物，既可为蔬菜调味，也可烹饪鱼类或肉类，还可以让三明治和汤羹更加可口。香草植物幼株比较便宜，大部分都可以生长好几年，而且，许多都可以进行分株、重栽。欧芹等部分香草植物需每年重新播种，养在有可挡风避雨的苗床或花盆里。

我可以栽种哪些香草植物?

何处可种植香草植物

- **盆栽**：在盆中栽种一丛丛香草植物，放在厨房门口会很方便。此外，花盆还能限制薄荷等入侵种类的生长。但若栽种于花境则会影响附近植物生长。

- **车轮式香草园**：用石头塑造出边缘和辐条的小空间，小型香草可以种植其间。

- **棋盘式香草园**：将铺路板以棋盘状排列（方格式），在其中栽种一丛丛香草，这一设计便于摘取。

其他适于小庭院的烹饪香草

　　烹饪香草种类丰富，主要有以下几种：

- **北葱**（即细香葱，*Allium schoenoprasum*，Chives）：耐寒，多年生，球根植物，似禾草类，叶片管状，中绿色。早夏和仲夏开花，球状花头，玫瑰粉色，星星点点的花朵。可切碎叶片为沙拉、煎蛋卷和羹汤增添一丝淡淡的洋葱味。

- **香蜂花**（*Melissa officinalis*，Balm）：耐寒，多年生草本，叶片为绿色，具有柠檬香气、皱面以及略似心形。新鲜或风干的叶片可用于冰饮和水果沙拉的调味。

- **园圃塔花**（*Satureja hortensis*，Summer Savory）：耐寒，一年生，丛生，辛辣，深绿色叶片。可用于鱼类、肉类、羹汤以及鸡蛋和奶酪菜肴的调味。

- **斑叶百里香**（*Thymus vulgaris*，Thyme）：亦称"普通百里香（Common Thyme）"或"花园百里香（Garden Thyme）"，耐寒，生长缓慢，常绿灌木，有香气，深绿色叶片。多用于肉类填塞料调味以及鱼类菜肴、炖菜和羹汤调味，新鲜叶片或干料皆可。

留兰香（绿薄荷）

　　亦称"Spearmint"，耐寒，多年生草本，叶片有独特香气，可用于薄荷酱、果冻以及蔬菜调味。

土壤和栽培环境：喜肥沃、保湿但排水良好的轻质种植土，置于半阴的温暖处。盆栽最佳，以限制蔓延。

繁殖：春季取出拥挤的植株进行分株，直接在分配的生长位置栽种幼苗。

↕ 38~45 cm　↔ 生命力旺盛，入侵性强

欧芹

　　耐寒，二年生，常作为一年生培育。茎分枝，叶片卷曲，似苔藓，中绿色。开黄绿色花朵，但须摘除。叶片用于鱼类菜肴和三明治调味，亦可用于调味酱中。

土壤和栽培环境：喜肥沃、排水良好但保湿的轻质种植土，半阴或全日照。

繁殖：早春至仲夏，于户外苗床在浅浅的条播沟中播种。

↕ 30~45 cm　↔ 23~38 cm

药用鼠尾草

　　较柔嫩，常绿灌木，叶片灰绿色，褶皱，有香气。早夏至仲夏开管状蓝紫色花朵。叶片用于肉类和填塞料调味。

土壤和栽培环境：肥沃、排水良好但保湿的轻质种植土，全日照。

繁殖：晚夏从当年生嫩枝剪下7.5cm插条，插入装有等比湿润泥炭土和尖角砂粒的花盆中，置于植物罩温室中。

↕ 45~60 cm　↔ 45~60 cm

水果

如何栽种水果？

在小庭院中，如有可能请在花境中栽种果树。可在墙边狭窄空间种植喜温暖的果树（桃子和油桃），也可在小径边的花坛种植，以便进行养护和采摘。盆栽水果，无论苹果还是草莓，皆需主人精心呵护，尤需注意培养土保湿。在吊篮中培育的草莓需定期浇水。

采摘水果

- **苹果和梨：** 采摘前先需检查是否成熟。托住单个水果，轻轻抬起并转动，如果柄很容易从枝上分离下来，果实便已成熟。
- **黑加仑：** 果实变成蓝黑色后约一周即可采摘，（一簇）梗的末梢处最先成熟，可以分开采摘。
- **桃子和油桃：** 等柄附近的果肉变软后采摘。
- **李子：** 果子易于从树上分离时便可采摘——柄常常还会留在树上。注意别挤压果实，防止出现淤青。
- **覆盆子：** 果实完全变色但仍然硬实的时候摘下，梗留在植株上。
- **草莓：** 等果实完全变色后采摘，干燥时带柄采摘。

盆栽草莓

- **吊篮：** 使用从种子开始培育的品种，晚春或早夏采购苗壮的幼苗，将三株放在一个大吊篮中，霜降威胁过后再置于户外。
- **草莓花架：** 此类容器侧面有可栽种植株的空心小洞——顶上也可以栽种。确保容器排水良好，将一片铁丝网（比花架深度略短）卷成直径约7.5cm的管状，插入花架，并用大石头填满。在花架中装满壤土为主的培养土，与最低一处空心洞平齐，放入一株草莓。继续填土栽种，最后，在顶部种上植株。之后，为培养土浇透水。

苹果

若空间有限，可将苹果培育成墙式或单干形靠墙种植，亦可在花桶或大花盆里种植矮生金字塔形或矮生灌木。M27或M9等矮化砧木必不可少，盆栽苹果更是如此。为了保证授粉（以及后续结果），我们必须将可兼容的品种栽种在一起。若只可选择一种，请选择三四个品种嫁在一起的"家庭"树。此外，选择时请留心果实的不同口味。

黑加仑

这种灌木水果极易栽种，新枝直接从土中长出，果实长在去年生的枝上——每株年产量预计为4.5~6.8kg。摘下果实后，请立刻剪除已结果的枝条，促进新枝下一年就会结果。黑加仑灌木株高和冠径约1.5m，主要是仲夏采摘。

醋栗

常作灌木栽培，单一株丛生出新枝，形成定型的框架，果实生长于其上。灌木高为90cm~1.5m，每株年产量预计为2.70~5.44kg间主要为仲夏。初冬和早春，请修剪原有灌木，将新基生枝剪去一半。此外，还需将侧枝剪去5cm长。

桃子

多汁水果，果皮有些粗糙。在小庭院中，最适宜培育扇形植株，背靠温暖挡风的墙体。若在St Julien A砧木上栽培，栽种间隔4.5m，已成活的扇形植株年产量为9kg。若小庭院使用Pixy砧木，树间距2.4m，桃子年产量预计为4.5kg。果实主要在仲夏以及晚夏初期成熟。

梨子

若空间有限，将梨树培育成墙式，间隔4.5m，或单干形，间隔75cm。梨树需匹配授粉配偶，在小庭院中，最便捷的解决方案是种植不同品种嫁接在一起的家庭树。晚夏、早秋或仲秋采摘果实，摘下后通常会放一段时间再吃。成活的墙式果树能产出6.8~11.3kg梨，单干形产量则为1.8~2.72kg。

覆盆子——夏季成熟

这是一种受欢迎的木质茎水果，需支架和成排的铁丝网支撑引导，两排间隔30~38cm，高1.8m，固定在结实的立杆上，全日照，避开斜坡上易成霜的洼地。采摘后立即贴地修剪已结果的木质茎，将新枝拴起来。来年仲夏和晚夏的产量有赖于肥沃、保湿的土壤，每90cm一排的覆盆子产量预计为2kg。

草莓——夏季水果

这是一种深受欢迎的无核小水果，可在花坛或容器中栽种（见上）。夏季结果的类型，在早夏和仲夏收获，植株在未来的3~4年中依然高产。若想大丰收，在花坛至少栽种20棵植株，每株产量预计为680g。

其他类型的还有高山草莓，一年高产，每年仲夏至秋季收获，最适宜盆栽。

其他适合小庭院的水果

- **黑莓**（Blackberries）：深受欢迎的木质茎水果，需分层铁丝制成的支架，间隔30cm，高90cm至2.1m。固定在结实的立杆之间，全日照或半阴。采摘后立刻贴地修剪已结果的木质茎，将新枝扎起来。次年晚夏和早秋的产量有赖于肥沃、保湿的土壤。每株黑莓产量预计为4.5~11.3kg，间隔2.4~3.5m，取决于其生命力。

- **油桃**（Nectarines）：表皮光滑的桃子，有几个品种，但均不如桃子耐寒，最好背靠温暖、避风的墙体，以扇形培育。使用St Julien A砧木种植，每株扇形油桃树产量预计为4.5kg。

- **覆盆子**（Raspberries）——**秋季成熟**：果实与夏季成熟的（见前文）相似，但结果时间为晚夏至仲秋。秋季结果的覆盆子在当年生新枝末结果，因此比夏季成熟更容易修剪。每年晚冬，将所有木质茎贴地修剪。春季，新芽会出现，这些嫩枝当年将结出的果实。植物在生长7~10年期间高产，然后会开始因病毒感染而产量下降。

- **红醋栗**（Red currants）：深受欢迎的水果，常作灌木培育，株高和冠径为1.5~1.8m。灌木，单一株丛生出新枝，形成定型框架。每株灌木红醋栗年产量预计为4.5kg，10~15年保持高产。通常为仲夏采摘，不过有的品种晚夏初期才会成熟。

- **白醋栗**（White currants）：栽培方式与红醋栗相同，产量也相似，培育成单干、双干或三干皆可。

蔬菜

可在阳台上盆栽小型的夏季蔬菜,这样就能吃上自家新鲜食物了,也可在花盆栽种香草。若阳台寒冷风大,可在栏杆上覆盖透明塑料保护植物。炎热暴晒的阳台可能会影响植物生存,因此需要多浇水。番茄吊篮也是一种选择,可挡风避雨处最为合适。

在种植袋里种菜

有几种蔬菜在可挡风避雨的露台或阳台种植袋中长势较好,霜降威胁过后应尽快种植。

- **矮生四季豆**(Bush French beans):栽种6株灌木植株,等种荚弯曲、可以轻易折断时就能采摘了——通常约为10~15cm长。
- **绿皮西葫芦**(Courgettes):栽种两株,定期浇水施肥,趁幼嫩时采摘,这样可结出更多绿皮西葫芦。
- **生菜**(Lettuces):每袋8棵。
- **土豆**(Patatoes):早春至仲春,在顶部划出8个7.5~10cm长的十字口,将早熟品种土豆的块茎塞进每个孔。覆盖并浇水,折起塑料部分遮光。

盆栽番茄

- **吊篮:**使用45cm宽的铁丝框架吊篮,内衬有聚乙烯。部分填有等比泥土和泥炭土的培养土,等霜降威胁过后,种下一株灌木型番茄,如"不倒翁(Tumbler)"。用刀在聚乙烯上划出小口,然后为培养土浇水。植株天生丛生,无须去除侧枝。
- **种植袋:**将3~4株单干形栽入种植袋中,须有支撑物(有番茄专用型)。定期浇水施肥,去除侧枝,果实成熟期定期采摘。
- **花盆:**将大花盆装满以壤土为主的培养土,栽入一株单干形,用竹竿支撑,去除侧枝。

甜菜根

选择球形甜菜根,呈圆形,成熟快,品种有"伯比金(Burpee's Golden)"(口味很棒,黄色果肉)和"底特律(Detroit)"(红色果肉,易贮存)。

播种:春季,浅浅用叉状钉耙翻地,再用齿状钉耙精耕。挖出深2.5cm、行距为30cm的条播沟播种,若每簇播2~3粒籽,间隔10~15cm,疏苗时每株留一棵。

采摘:在根下插入园艺叉状钉耙,轻轻抬起,别损伤根部,拧去叶片。

胡萝卜

选择短根(和手指差不多大)或与高尔夫球差不多大的胡萝卜品种,如"阿姆斯特丹之力(Amsterdam Forcing)"(根又粗又短,早熟品种)和"帕梅克斯(Parmex)"(圆形,非常适合盆栽或在蔬菜花坛种植)。

播种:仲春至早夏末期,挖出12~18mm深、行距为15cm的条播沟,稀疏地播种。疏苗间隔6cm,为留下的幼苗压实周围土壤。

采摘:等小胡萝卜长大到可以食用,将其拔出,拧去根部上方叶片。

四季豆

这种蔬菜非常适合小庭院,也可以在有风的位置种植。"杰作(Masterpiece)"(扁平豆荚)、"嫩绿(Tendergreen)"(铅笔状)和"王子(The Prince)"(扁平豆荚)这样的品种是不错的选择。

播种:肥沃、保湿的土壤对保证快速生长是必不可少的。晚春或早夏挖出深5cm、行距为45cm的条播沟播种,播种间距为7.5~10cm。

采摘:从仲夏开始,趁豆荚未老采摘,若向侧面弯折时可轻易断裂,便已成熟。定期采摘有助于新豆荚生长。

生菜

生菜有以下几种主要类型：

- **卷心菜型**：如"结球生菜"（软叶球状）及"皱叶生菜"（圆形，卷曲）。

- **直立生菜**：直立，叶球卷曲、椭圆形。生长期比卷心菜型更长，也略难。

- **散叶生菜**：没有菜心，每株都有大量叶片，可单独收获。此类很适合小庭院，也很适合每次只用几片叶子的家庭。

小红萝卜

选择夏季小红萝卜，如"樱桃美人（Cherry Belle）"（球形）、"法式早餐（French Breakfast）"（椭圆形）、"朱丽叶（Juliette）"（球形）、"红王子（Red Prince）"（球形）以及"红球（Scarlet Globe）"（球形）等品种。

播种：仲春至晚夏，每两周播种一次。挖出深12mm、行距为15cm的条播沟，稀疏地播种。等幼株长大一些，间隔2.5cm疏苗。

采摘：植株足够大、可以拌沙拉时拔出。

大葱

亦称"salad onion"或"bunching onion"，这种植物用于沙拉调味非常合适，可选择"白色里斯本（White Lisbon）"和"石黑（Ishikuro）"等品种。

播种：冬季挖土，早春用叉状钉耙和齿状钉耙翻地，平整表面。从早春或仲春至仲夏初期，每两周挖出深12mm、行距为10～13cm的条播沟播种。这样从早夏至早秋都能产出。

采摘：用园艺叉状钉耙翻松土壤，拔起植株。

番茄

深受欢迎的户外盆栽水果，主要有以下两个品种：

- **单干形品种**：由竹竿或专用支架支撑，去除所有新生侧枝，在第四穗果（成簇的果实）上方第二片叶子之上，摘去主枝顶心。

- **灌木型品种**：无须过于费心——无须去除侧枝或生长锥，非常适合吊篮中种植。

其他适于小庭院的蔬菜

- **茄子**：亦称"Egg Plant"，畏霜寒，需在室外避风的温暖花坛种植，也可在种植袋、大花盆、吊篮和食槽式花槽中种植。喜肥沃的培养土。购买植株，霜降威胁过后尽快种下。

- **甜菜根**：选择圆形、成熟快的球状品种。春季挖出2.5cm深、行距为30cm.的条播沟播种。一簇3粒种子播种，间隔10~15cm。等幼苗长叶（不是原来的子叶）后疏苗，每处一株。

- **绿皮西葫芦**：畏霜寒，与小西葫芦相似，可在户外肥沃保湿的土壤种植，需全日照。亦可在种植袋、吊篮和食槽式花槽中栽种。等霜降威胁过后栽种，10cm长时采摘。

- **黄瓜（户外品种）**：亦称"ridge cucumber"，喜温暖、阳光明媚、挡风的环境。仲春挖出深30cm深、宽38cm的洞，填满松软土壤和腐叶土。将挖出的土壤堆成土堆。若所在区域较暖，仲春或晚春以3粒种子每簇在18mm深处播种，较冷地区早夏播种。浇水，用大果酱瓶盖起来。等幼苗长出几片叶子后，疏苗，留下苗壮的幼株。仲夏和晚夏，等黄瓜长度为15～20cm时采摘。

- **红花菜豆**：若空间有限，在高1.8~2.1m的圆锥形支架上种植。晚春立起支架，在每根立杆根基附近播下2~3粒种子。疏苗后每根立杆下留一株强壮植物。趁豆荚未老时收获。

选择小径类型

庭院有必要修筑小径吗?

无论庭院大小,都需要可应对各类天气的小径,它应是庭院设计的基本要素,而不是后来添置的摆设。我们可从小径轻松走向功能性建筑物,如工具棚和温室,也可沿小径参观装饰性景观,如封闭式凉亭、观景亭和藤蔓花棚。小径的路面和材料多种多样,有些带着迷人的田园风,形状规则的小径则更适合现代住宅和庭院。

小径功能

除了适用于各类天气外,小径设计还需考虑以下几点:

- 连接庭院各部分。
- 引导视觉路线,让人感觉渐入佳境。
- 反映整体风格,无论是规则式还是不规则式的。
- 个性鲜明,别具一格,具有原创性。

小径路线

不规则庭院

沿着花境走

引向焦点

绕某一景观走

规则庭院

引向某处景观

引向大门或拱门

作为环绕庭院的步道

小径类型

铺筑小径的材料种类丰富,用法也有多种多样。如下展示了一些设计方案以抛砖引玉。请选择与庭院植物风格一致、不至于让人眼花缭乱的小径。

↗ 边缘栽种薰衣草的砾石小径,非常适合不规则庭院。

↗ 混用几种不同规格的铺路板,打造半规则式小径。

↗ 人字形砖块或铺路砖图案,整洁迷人。

↗ 使用铺路板和砖块拼铺复杂图案,带有异域风情。

↗ 花式拼铺非常适合休闲的庭院氛围。

↗ 有棱线的混凝土表面可防止打滑,也便于施工。

角落、曲线和台阶

方形铺路板很适合修筑小径和台阶

曲线比直线更适合不规则区域

选择小径时,请务必留意所选建筑材料是否能够应对曲线。部分材料,如方形铺路板,最好用于直线,而花式拼铺则同时适用于直线和曲线区域。

小径边缘

圆木排相对廉价,安装也较为轻松

装饰小径边缘有助于打造独特、激动人心的庭院

以一定角度铺砌粗糙的房屋用砖或铺路砖,洋溢着闲适的气息

用圆木排或倾斜的砖块非常适合打造曲径边缘,而用混凝土铺路板和平铺砖块修筑边缘则很难处理曲线部分。草坪可酌情选择边缘,但若是砾石铺就的小径,必须限制修筑边缘范围。

其他小径设计方案

　　小径设计类型丰富多彩，还可考虑以下这些方案。有规则式，也有不规则式，后者适用于村舍庭院。请先观摩其他庭院，再做出关于自家庭院小径的决定。

↗圆石子小径，筑有砖石边缘，易于铺设。

↗在装饰性庭院中，可用多色小方石铺出复杂图案。

↗错开摆放的砖块，看起来很迷人，但是不够结实。

↗使用小石子铺设的田园风小径需要筑边，便于保存石子。

↗老铺路板，表现庭院的不规则风格。

↗木条铺筑的小径，其间铺有豆粒砾石，引人注目。

处理表土

　　轻质、疏松的表土（深度约为23cm，具体取决于当地要求）非常适合洒在灌木花境土壤上。

处理下层土

　　重型下层土大部分都是黏土，对庭院植物幼株无所增益，因此最好倒入大垃圾箱丢弃。

不适合斜坡的小径

　　一些小径的建筑材料不适用于表面起伏不平的斜坡，不适合斜坡的小径有：

· 砾石或豆粒卵石小径（石头易扩散到其他区域）。

· 大块铺路板小径（接合处不均匀）。

· 在尖角砂粒上铺设的混凝土铺路砖。

铺高时，可以先用"凯尔特"铺路砖框住，再铺设小径，这种铺路砖在市面上的种类很多。

斜置的方形铺路板与为适应边缘而切割成三角形的铺路板，构成独特图案，砖块组成美观实用的边缘。

老砖块让小径呈现出年代久远的面貌，非常适合不规则的村舍式庭院，但注意须在结实、安全的地基上铺设。

修筑小径

小径的最佳建材是什么？

笔直的小径适合采用铺路板和混凝土铺路砖等不需要切割修整的材料，此类材料最好在平坦地表使用。若想在斜坡上打造蜿蜒的小径，请选择花式拼铺。天然石材也是一种选择，但是价格更高。由于天然石材间隙常常栽种了植物，为了它们的健康成长，请不要使用铲子清理冰雪，也不要在路面撒盐化雪。

铺设铺路板

预制铺路板非常适合结实、能够应对各种天气的地表，既可独立使用，也可与砖块等其他材料混用，打造装饰性图案。

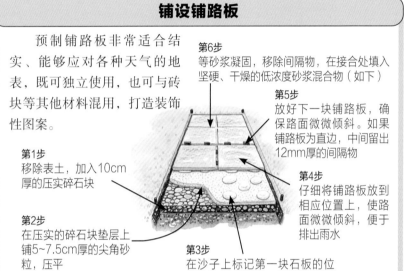

第1步
移除表土，加入10cm厚的压实碎石块

第2步
在压实的碎石块垫层上铺5~7.5cm厚的尖角砂粒，压平

第3步
在沙子上标记第一块石板的位置，将5团砂浆置于其上，其中4团在四角，1团在中间

第4步
仔细将铺路板放到相应位置上，使路面微微倾斜，便于排出雨水

第5步
放好下一块铺路板，确保路面微微倾斜。如果铺路板为直边，中间留出12mm厚的间隔物

第6步
等砂浆凝固，移除间隔物，在接合处填入坚硬、干燥的低浓度砂浆混合物（如下）

切割铺路板

我们常需切割铺路板，专业师傅一般采用电动切割机（角磨机），但家庭园艺师可以用阔凿（一种冷凿）和石匠锤解决。切割时，请戴上护目镜和结实的手套，在铺路板（有完整的边缘和四面）上标记一条线。然后，用阔凿和石匠锤沿标记敲打几次。完成后，将铺路板置于木板上，使标记线位于木板边缘，用大槌的木质手柄敲击铺路板，使其沿线裂开。

填补接合处

填补铺路板之间的间隙时，请尽量避免让混合物洒到板面之上，这样会留下印记。可沿边缘贴上遮蔽胶带，然后用坚硬、干燥的低浓度砂浆混合物填塞间隙。夯实，让层面高度正好位于铺路板表面之下。

切割混凝土铺路砖

若非铺设方形图案（见右图），切割必不可少。可按照切割铺路板的同样方式，用阔凿和石匠锤完成（见右上）。若铺砌的露台很大，最好租用湿式切割机。切记戴上护目镜和结实的手套。

铺设混凝土铺路砖

亦称"灵活"铺路砖，它们铺设在尖角砂粒层之上，如果有必要，随后可取出重新铺设。混凝土铺路砖大小与住宅用砖差不多，用于直线小径非常合适。花式拼铺最好用于曲径。

第1步
标记小径区域，移除表土，安装深15cm的边界限制物，这样才能确保沙子和砖块牢固，不会变成松散

第2步
在地基上铺7.5cm厚的碎石块垫层

第3步
在碎石块垫层上厚厚地铺一层5cm的尖角砂粒，选择一块15cm厚的木料，在两端切槽，插入沙中，使其标记出地表铺路板厚度，需减去9mm，处于侧面顶部之下

第4步
依照设计的图案将铺路板铺于沙中（见后文）

第5步
将平木板置于表面之上，反复用石匠锤轻敲，压实铺路砖

第6步
将尖角砂粒扫到表面上，再次压实铺路板。重复，然后用喷水壶为表面浇水

修筑砾石小径

砾石或豆粒卵石小径能够营造轻松氛围，其形状是否规则则取决于边缘。坚固的边界必不可少，用混凝土铺路板或结实的板材固定边界。

1 挖出小径区域，深10cm深，宽90cm~1.2m。确保小径均匀，尤其是边缘部分。

2 摆好混凝土边界线，长90cm，厚5cm，深15cm。请使用水平仪检查，确保边缘齐平，再用水泥浇筑。

踏脚树桩！

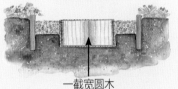

一截宽圆木

可在砾石小径中置入宽木桩，将其装扮得更加迷人。每块木桩顶部皆需铺一张铁丝网，防止打滑。

3 等边缘坚实凝固，用碎石锤或石匠锤将打砖块敲碎，铺成均匀基底，请勿移动边界。

4 将豆粒卵石铺在碎石上，使表面约低于边缘2.5cm，用粗短的木头或金属园艺齿状钉耙皆可。

铺路砖图案

复杂图案最好请专业人士操作，这里仅介绍几种简单组砌形式，如全顺和编篮式。

确定小径宽度前，应先在平面上用铺路砖摆出理想的图案。随后即可根据图案决定小径的宽度了，如此可避免不必要的材料损耗。

编篮砌式

全顺（水平）

全顺（竖直）

人字形砌式

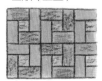

方形砌式

交错铺路砖的简单组砌形式

修筑花式拼铺小径

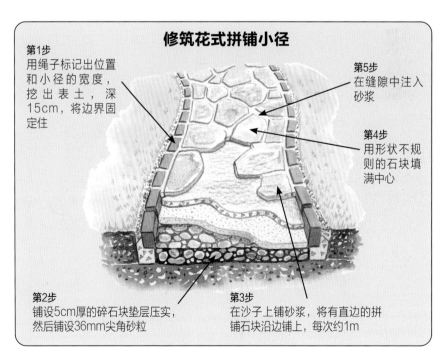

第1步
用绳子标记出位置和小径的宽度，挖出表土，深15cm，将边界固定住

第5步
在缝隙中注入砂浆

第4步
用形状不规则的石块填满中心

第2步
铺设5cm厚的碎石块垫层压实，然后铺设36mm尖角砂粒

第3步
在沙子上铺砂浆，将有直边的拼铺石块沿边铺上，每次约1m

修筑天然石材小径

使用天然石材修筑的小径非常迷人。修筑时，需用绳子标记出小径区域，挖出表土，之后加入碎石块垫层，再铺5cm尖角砂粒。由于厚度不均，天然石材比花式拼铺更难铺设。将石材置于一团砂浆上。在较大接合处挖出沙子和碎石，填入以泥土为主的培养土。最后，在其上栽种小型匍匐植物。

修建露台

在小庭院中建露台是否有必要?

在小庭院中，露台能够应对各种天气的，更可植物栽种空间，是不可少的。一个个花盆和花桶，夏日窗槛花箱、壁式花篮和吊篮（详见第28~29页）中繁花似锦，打造一片迷人的景致。必须保证露台表面排水良好，地基坚固。露台的设计还应符合整个庭院风格（详见第22~35页庭院类型）。

可将不同规格的人造石板铺出不规则图案。

结实的甲板与花台结合，打造独特的露台区域。

砖块铺成的半圆形地面，打造迷人独特的露台区域。

设计注意事项

- **遮阳篷**：若露台光照较强，可考虑安装较大、可收缩的遮阳篷，秋天或需取下，贮存于干燥工具棚中。

- **大遮阳伞**：可附于桌子，或固定在稳定地基上独立使用，遮挡炽烈阳光。

- **台阶**：倘若庭院高于露台或低于露台，需规划连接二者的一系列台阶。此外，还需为轮椅设置斜坡通道。

- **栏杆**：若是露台与庭院不在同一平面上，有必要安装高60~75cm的护栏。

甲板

甲板日益流行，若是房屋周围为陡坡，难以建起与门齐平的露台，选择甲板（详见第71页）尤为合适。

露台材料选择

↗天然石材
用天然石材打造不规则露台（详见第65页小径修筑），较大区域可将石头铺在较厚的混凝土地基上。

↗铺路板
非常适合规则式的方形或矩形露台。若不想过于规整，可使用1/2和1/4铺路板。

↗混凝土铺路砖
这种铺路砖看起来很现代，可铺出迷人的纹理（详见第65页），而非规整图案。

↗花式拼铺
不规则式拼铺非常适合曲线露台。它能够轻松适应不同地面高度，也便于打造轻微斜坡。

↗花岗岩小方石
适合用于不规则区域铺设耐用的装饰性表面，铺入单个小方石，形成曲线或直边图案。

↗圆石子组合
美观独特的不规则露台可混用不同石头构成辐射状图案，间隙填入圆石子。

设计组合

↗图案和模块组合
不规则图案可增添一丝趣味，但它们同样也会使人眼花缭乱。

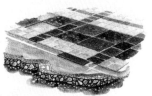

↗颜色组合
多种色彩的设计引人注目，但可能会喧宾夺主。

↗材料组合
若想组合色彩鲜艳的不同材料，请事先仔细规划。

↗形状组合
将不同形状组合在一起，形成独特迷人的特色。

↗错层式平台
错层式设计用于连接斜坡上的庭院非常适合。

准备场地

形状和尺寸

露台长度往往与房屋一致，但若是露台和边界之间竖有栅栏，请为立柱和施工留出38cm空间。宽度应与建筑物相适应——平房为3~3.6m，别墅则需更宽。

表土

移除表土，洒在灌木花境或庭院尚未建好的部分——如预留作为草坪的位置。

边缘木板

在露台边缘安置结实木板，标记露台区域，这样可预防地基建材向两侧蔓延和削弱表面。

木桩和高度

准备场地时，请将一些矮木桩打入地里，可在两根木桩顶部放一块直木板。将施工水平仪放在木板上，从不同位置观测，每1.8m出现2.5cm的偏差是可以接受的。

斜坡和下水管

请检查露台是否有足够斜度，便于水流从住宅排出。

地基

坚实的地基必不可少。通常，10cm干净、压实的碎石块垫层足以作为地基，但在黏土区，深度可增加到15cm。在此之上铺5~7.5cm尖角砂粒，然后再铺设铺路板（用新拌的砂浆）和混凝土铺路砖。在较软的地面，可在碎石块垫层上铺7.5~10cm厚的混凝土，以减少下沉风险。

小片栽种区域

大露台上可以少铺1~2块铺路板，为种植小灌木或针叶树预留出空间。预留位置时，应适当砌边，防止这些小片栽种区域的泥土溢出。

花台

花台比小片栽种区域更大，侧边高30~45cm。请将花台置于侧面，而不是露台中央，以便于漫步欣赏以及植物养护。

露台特色景观

除打造与庭院整体风格保持一致的迷人路面外，还可增添壁饰和简单雕塑扮靓露台。露台侧面墙壁能够挡风，也可作为休闲景观理想的背景墙。屏风墙格外迷人，它不像实墙那样彻底阻挡风，而是起过滤作用。高高的屏风墙不适合边界区域，但很适合分隔庭院与露台。

➡墙上水景别有一番风味。图中，大花铁线莲围绕着狮头，水流潺潺，进入旧容器。

选择栅栏

为什么要用栅栏?

从前,前院需要设置坚不可摧的防御带,如今已经没有必要了。然而,与房屋风格相一致的迷人栅栏,依旧能够有效标示领地,并防止犬类等进入。选择与栅栏风格一致的大门,如田园风居所可配上爬满忍冬等藤蔓植物的不规则拱门。大门每天要用很多次,因此最好定期检查是否有磨损。

栅栏类型

↗密合式
垂直木板钉在一排固定在立柱上的三角栏杆上。

↗水平拼接板
通常为1.8m长的木板,钉在结实的立柱中。

↗编织板
由木条编成、长约1.8m长的板。

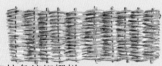

↗枝条编织栅栏
将有韧性的枝条编成长约1.8m的板。

↗尖木桩栅栏
垂直的木条钉在固定于立柱的水平栏杆上。

↗牧场式
宽木板,通常漆为白色,钉在结实的立柱上。

亲手做栅栏

有许多种栅栏,不少园艺DIY爱好者都可以轻松地做出来,尤其是板面栅栏。密合式栅栏(立柱支撑钉有垂直重合木材的三角栏杆)比较复杂,但也不是完全没有可能。

应对斜坡问题

如果希望斜坡竖起的栅栏看起来很专业,一定要格外用心。板面栅栏的所有支撑立柱皆需摆直,横板皆需保持水平,不能顺着地面倾斜。在密合式栅栏中,支撑立柱要笔直,三角栏杆跟随地面防线走,但钉在其上的重叠木材需要与之保持垂直。

加柱顶、切斜角

为防止立柱顶端进水,请用36mm长的镀锌钉子将柱顶固定在每根立柱上,也可将每根支持立柱的顶部切成斜角。

修复栅栏

有许多专用零部件可用于修复栅栏,板面栅栏的替代基底、立柱、三角栏杆和零部件,市面上都可以买到。

增高栅栏

后花园的栅栏通常高约1.5m,可在最上方加固一块格栅结构增高。

大门

大门种类繁多,木质或金属都有。(1)高约90cm的熟铁大门非常适合前院,有多种图案和装饰。(2)高高的熟铁大门最好仅用于建筑物边上的侧门。(3)尖木桩栅栏搭配尖木桩大门,洋溢着悠闲自在的气息。(4)密合式大门非常适合掩映在茂密女贞或红豆杉等绿篱中的入口。

防盗门

熟铁大门一般有插销铰链。将门栓固定在立柱上时,将较低的一端插销朝上,支撑大门;较高的插销朝下,防止盗窃。

自闭门

类似弹簧的专用装置能够让大门每次使用后自动关闭。

选择墙体

墙体寿命主要取决于地基的深度和土壤类型。较浅的地基加上黏土——尤其是干燥温暖的夏季伊始——很快就会倾斜倒塌。封顶可以有效阻碍水进入砖块并且防止霜冻，封顶材料必须与墙体风格相一致。厚墙体往往比单砖墙体更持久。

一堵墙可以用多久?

墙体类型

有些墙体很规则，可形成一道结实的屏障，而镂空型墙体则可用一眼望穿。

↗砖墙
由常见尺寸的砖块砌成，可采用单砖或双砖砌成，组砌形式（图案）丰富多彩。

↗人造石墙
由方形或矩形仿饰石材砌成，形成不规则墙体。

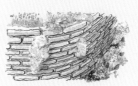

↗干砌墙
用天然不规则形状石头（昂贵）砌成，也可选购预制石块来砌。

↗镂空墙
装饰性砌块，30cm见方，厚10cm，以不同装饰图案摆出。

↗仿石材料
有些仅有一"面"装饰，这些"石头"可砌成结实迷人的墙体。

↗砖砌挡土墙
本身就很规则，两块砖厚度，用于挡土，需设置排水孔。

需考虑的问题

风格

选择与庭院其他部分相匹配的风格。

高度和扶壁

墙体必须牢固，高墙需有扶壁。超过75cm高的单砖墙体每隔1.8m需设一处扶壁；超过1.2m的双砖厚度墙体每隔1.8~2.4m需设一处扶壁。在有强风的地区，扶壁间距更近，镂空墙两端都需要扶壁（如果没有与其他墙体连接），并在每隔2.4~3m处设一处扶壁。

地基

地基深度以及碎石块垫层的厚度取决于墙体高度。约至胸高的墙体，10cm压实的碎石垫层和15cm混凝土非常合适。在此基础上，添加20cm混凝土。

墙基

干砌墙

与挡土墙不同的是，干砌墙能够营造一种闲适的氛围。为了挡土，墙体需倾倒向后按一定角度倾斜，同时必须设排水孔后面还需有一片较宽的排水材料区域。

倾斜的墙体（后倾）

砌砖

砌砖是一种古老的工艺，依赖于砂浆这种细沙和水泥或石灰石（或二者混合物）将砖块粘合在一起。使用1份水泥、3份细沙。

砌砖

低缘墙体

在露台周围砌两层间隔25~30cm的双层墙，非常适合夏季开花的花坛植物，或用于春季欣赏的郁金香和二年生植物。墙体高15~23cm，上有装饰性封顶双层墙之间填满排水良好的疏松土壤。

庭院台阶

是否可以让台阶可以既美观又实用？

比例得当的台阶可连接两个不同平面，并使之统一起来。台阶的比例必须既美观又好用。通常，踢面（垂直距离）约为13cm高，踏面为30~38cm，每级台阶悬垂约36mm。一些台阶踏面较窄，踢面约20cm，但这不适用于长台阶。

台阶类型

↗ 独立式台阶
建在两个平面之间，固定在较高平面上，以保持稳固，边缘也需围上更结实的墙体。

↗ 切入式台阶
建在斜坡或河堤里面，台阶通常保持同样角度。牢固的地基必不可少，最好使用甲铺路板，便于施工。

↗ 甲板台阶
可使用甲板台阶，在庭院中过渡不同高度平面，或用在带庭院的别墅周围，增强甲板区的统一感。须使用经过防腐处理的结实木材。

↗ 草地台阶
规则和不规则庭院皆可使用。在规则区域，宽宽的草坪作为踏面，配上砖块做踢面兼踏面的一部分，非常迷人。不规则区域最好用原木作为踢面。

↗ 枕木和砾石
使用枕木固定砾石筑成的踏面，确保枕木牢固，砾石的表面需略低于枕木顶边。

基石

请别让草坪延伸到台阶上，用混凝土沿着基底浇筑一排基石吧，这样割草更方便，也让台阶更实用。浇筑时，需确保基石与草坪平齐。

组合不同材料

使用不同类型的建材有助于打造更加"吸引眼球"的景观，可考虑将铺路板和砖块（有各种不同颜色）结合在一起。

扶手

若在陡坡行走，扶手必不可少。确保扶手的安全性能，使其处于肘部高度。有金属和木质扶手可供选择（最好是筑台阶时就安装）。

坡道

在许多庭院中，斜坡上的小径是必不可少的。长草的斜坡小径造价低廉，也许中间还可配上踏脚石；而铺路板和砖块相结合功能性更强，可应对各种天气。注意！陡坡请勿使用卵石或砾石。

花架

可建在台阶侧面，也可置于平坦处放盆栽。

如何筑造圆木台阶

请使用直径一致的圆木（10~15cm）并锯成小径所需的宽度。挖出踏面区域，长至少为45cm，用矮木桩固定圆木，然后在踏面区域铺上一层砾石。

台阶术语

悬垂——约36mm

最高级台阶——通常比其他台阶长

踏面——通常为30~38cm

踢面——通常为13cm

踏面和踢面的强大地基

如果一段台阶很长，应修建一处平台（面积比一级台阶大）。

铺设甲板

　　抬高的甲板非常适合斜坡，或需要绕开下水管道和旧地基的场地——建在结实耐用木质框架上，以木质或混凝土立柱支撑，立柱由水泥固定在地面。此外，甲板也可以在地面铺在尖角砂粒上。这种创建的便捷表面，有时也会用在"抬高"的游泳池周围（这种泳池一般由悬空的柔性衬垫构筑）。

甲板优势

　　抬高的甲板不只是附属于别墅或独立式的抬高露台，还是庭院一景。可在水池侧面建，甚至可以在水池之上修建，若是地面不适合施工，耗费体力和资金，甲板也是理想之选。

抬高，依附

　　大部分甲板抬高并依附于房屋，地面远离房屋时尤其适合。这种位置的抬高甲板需要嵌入式台阶，如在侧面筑台阶，就能够避开在正面高差最大处筑造长台阶而产生的昂贵造价。

抬高甲板

　　在庭院中间或某个角落中修建微微抬高的甲板，可成为迷人一景。但最好不要修建过高的像露天舞台一般甲板，避免使其主导庭院。

护栏

　　木质或铁艺栏杆必不可少，对悬于水面之上或在陡坡之上的甲板来说尤为如此。木栏杆及其主要支柱在设计中往往融为一体，金属栏杆随后再用螺丝拧上去。

甲板设计方案

彩色地砖　　　　错层式　　　　游廊式　　　　溪边甲板

经济型甲板

　　甲板，尤其是多层式的，造价昂贵，建造工期长。另一种办法是使用一半埋在地下、表面高度保持一致的煤渣砖砌块。轻型建筑用砖可用水泥浇筑进入地面。将3m长、截面10cm见方的栅栏立柱放在轻型建筑用砖上固定住，将经过加压处理的木栏底板钉在栅栏顶部，中间留出空隙。

材料

　　请使用红雪松或其他经过防腐剂加压处理的木材。选用砖块、混凝土或木材（或结合三者）建支墩，使用镀锌或黄铜螺丝将甲板固定在托梁上，螺丝在木材中钻埋头孔。厚木板之间留出6~12mm间隙，便于迅速排水。

其他选择

　　除了厚木板，还可以使用60cm见方的拼花实木地板，摆出木地板框架，使其依靠边缘和中心互相支持拼合。实木地砖可以拼出迷人的图案，无须像木板一样摆出直线。

厚木板图案

笔直　　　　45°角　　　　V形　　　　人字形　　　　菱形

树木座椅

　　如果甲板区有一棵树干较长的装饰性大树，应使其成为设计的一部分，铺设甲板时绕开，并用木质座椅围起来。

冬日维护

　　如果甲板处于阴凉处，且表面容易积水，藻类在此生长难以避免，导致甲板湿滑又不美观，此时可用灭藻剂去除。

平台和游廊

许多平房和别墅在后面都有平坦、能够应对各种天气的平台,可作为户外休闲区。没错,平台是开放区域,如今一般会铺砌地面,但曾为种草覆盖,主要用于连接房屋和庭院,一般设有栏杆或低矮的墙,若高于庭院总体高度尤为如此。游廊性质与平台不同,这个名字源自印度,意为别墅周围一侧呈开放式的走廊。

小径入口处两边设有砖块立柱,让露台更加别致,也让小径的位置更加明显。

规则平台

毫无疑问,此类平台以铺路石或砖块组合等材料铺砌迷人设计。砖块或人造石栏杆及装饰性墙帽能够让露台呈现出年代久远的面貌。平台较为规整,可融入许多类型的房屋,如现代住宅,抑或是20世纪初建造的房屋。

不规则露台

此类适于营造闲适氛围,由天然石材铺路板或人造石铺路板,呈现出历史悠久、饱经风霜的视觉效果。部分不规则露台也会以草铺地,但仅当路面无须应对各种天气时才可以,且草坪区较大,不适合较小的庭院。不规则露台在草坪边上看起来很美,二者结合可营造出户外大自然的氛围。

抬高的水池

如果露台区很大,可以考虑建设抬高的水池,这样不但减少了跌进水池的可能性,而且也更便于观鱼和欣赏水生植物。

藤蔓花棚和格子棚架

这些非常适合融入夏日几乎全天都洒满阳光的露台,夏季休闲时,这些处所必不可少。

游廊

游廊这个词描述的是处于地面高度的走廊,围绕平房或别墅的一侧或四面。游廊令人享受,能够让庭院直接通向房屋。大部分游廊都有斜顶,栏杆通常为木质,与游廊其他部分相融合。

种植设计

种满夏季开花植物的吊篮非常适合装点游廊边缘,而开花的藤蔓植物则可种在侧面狭窄的花境中,五彩缤纷。

也可以考虑在花槽和大花盆里栽种小灌木。

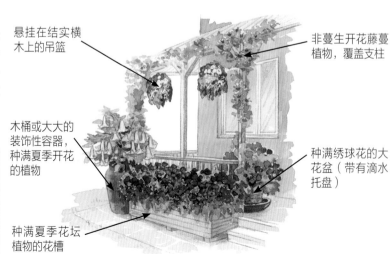

悬挂在结实横木上的吊篮

非蔓生开花藤蔓植物,覆盖支柱

木桶或大大的装饰性容器,种满夏季开花的植物

种满绣球花的大花盆(带有滴水托盘)

种满夏季花坛植物的花槽

游廊非常适合用于连接庭院和房屋,使其融为一体。夏日,各色藤蔓植物、花坛植物和小灌木让游廊沉浸在彩色的世界中。

露台和院落

露台（patio）一词源自西班牙语，描述被住宅包围起来的露天内院。露台是房屋的一部分，墙体起挡风遮阴作用，园中有水景，全年都散发着凉爽的气息。如今，任何已铺路面的地方皆可称作露台。从前，院落有建筑物环绕，比如在城堡之中。如今，任何被墙围起来的区域皆可称作院落。

露台和院落各是什么？

露台庭院

僻静和私密性是所有传统、回廊式露台的必备特质，但如今，露台却多为开放式。用花桶和花盆栽种各种灌木、小型乔木、针叶树和竹类非常适合，可将仅用于夏季观赏的植物栽种于吊篮或窗槛花箱中（详见第28~29页）。水景也是露台庭院可以考虑的特色，重复却有变化的水声让人心情舒缓。

使用吊篮和花桶装点平淡的院落墙体是非常理想的。

露台设计

小庭院露台的形状和尺寸通常由房屋和庭院决定，无须局限于方形或矩形，如下为部分露台形状案例，有些设计为形状规则的，有些为形状不规则的，包括方形、圆形、六边形和组合式。

用形状规则的铺路板修建矩形或方形露台相对容易，需确保边缘结实

组合设计的规则形状可将圆形露台和方形小径入口结合起来

用小方石打造的圆形小露台

六边形花式拼铺小露台

小院花园

花园式小院的装点主要依靠盆栽或墙根花境空间生长的藤蔓植物。一些藤蔓月季多花且耐寒，如"阿尔伯利克·巴比尔（Albéric Barbier）"（黄花）、"无刺（Zéphirine Drouhin）"（芳香，深玫瑰粉色）。

八角金盆（假蓖麻）　　高高的铁艺门

大大的陶土花盆　　坚实、可应对不同天气的地面

在花桶或大花盆中栽种枝繁叶茂的植物，并栽种藤蔓植物（合适的藤蔓月季见上），覆盖庭院。

矮生丰花月季

月季总是引人注目，矮生丰花月季（Patio Roses）非常适合在露台边缘种植。矮生丰花月季是一种独特的种群——比微型月季（Miniature Roses）更大、健壮，但没有丰花月季（Floribundas）那么大。品种有以下几种：

- "节日（Festival）"：高45cm，半重瓣，鲜红至深红。
- "马列娜（Marlena）"：高38cm，花期较长，鲜红至深红。
- "美梦（Sweet Dream）"：高45cm，茂密直立，杏黄至桃红。

院落桶栽

若想栽种独特、观叶为主的植物，可选择八角金盘（假蓖麻）。常绿、质感较柔嫩，使其成为院落角落桶或大花盆栽种的理想植物。手掌状大叶片为中绿至深绿色，富有光泽。为衬托叶片，可在其后种植一片小叶型花叶常春藤。

藤蔓花棚和格子棚架

藤蔓花棚和格子棚架各是什么？

在气候温暖的国家，人们很早就开始使用藤蔓花棚结构，可能用于乘凉或种植葡萄。意大利人采用了这种概念，并创造了"pergola"一词，意为主要由葡萄藤覆盖的凉棚或走廊。格子棚架（trellis，来自法语"treillage"）为支持植物生长的格栅结构，既可依附于墙体，也可作为独立景观成为屏风。

小庭院藤蔓花棚

藤蔓花棚可根据任何一个小庭院量身定做，也许只需要4根立柱、3~4根横木就可以在小径上支起来。可根据庭院总体风格选择如下设计。

· **规则式传统风格：**使用光面木料，两端为直角锯切，这样看起来比较整洁。

· **规则式东方韵味：**使用光面木料，横木两端深深斜切，体现东方风韵。

· **不规则式田园风：**使用带树皮木材立柱（落叶松木材或栗木），较粗的用于主要支柱，较细的用于藤蔓花棚顶部。还需一些较细的木材做成斜线支架，加固边角处。

用带树皮的木材制成的藤蔓花棚，不规则式样　种植藤蔓月季，爬满整个框架

在小径之上，用带树皮的木材制成藤蔓花棚，成为小庭院迷人的焦点。

小庭院格子棚架

· **墙式：**将格子棚架固定在墙上，确保框架离墙面36~50mm，为茎留出绕到后面的空间。格子棚架底部高出土壤约45cm，用竹竿引导茎穿过。

早夏至晚夏开花的大花铁线莲"内利·莫舍（Nelly Moser）"

· **独立式：**有多种用法。若想覆盖旁边不美观之物，在格子棚架与栅栏之间留出30~38cm，种上大叶片型的花叶常春藤等茂密藤蔓植物，生长覆盖。也可在庭院中立起格子棚架，分隔两片区域。

靠墙式藤蔓花棚

构筑小小的靠墙式藤蔓花棚，营造覆盖植物的休闲区域。将横木固定在墙面的托架上，传统、规则的设计效果最佳。

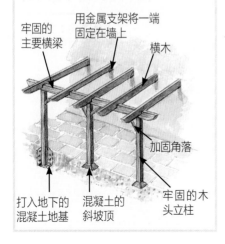

牢固的主要横梁
用金属支架将一端固定在墙上
横木
打入地下的混凝土地基
混凝土的斜坡顶
加固角落
牢固的木头立柱

装饰性田园风格子棚架

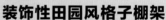

带有木质网格的带树皮小格子棚架非常精致，在19世纪晚期的村舍庭院中尤为受欢迎。图中为简易拱门，可并置几扇拱门，形成引人注目的屏风，也可用于分隔庭院不同部分。细细的山毛榉立柱和镀锌钉子为主要建材，有韧性的冬青木则用于装饰顶部。并置几扇拱门，连成长长的格子棚架。

网状连接

拱门
直径为15mm山毛榉枝条；直径为9mm冬青枝条

用钉子固定的接合处

主要立柱
直径为25mm的山毛榉立柱，长2.1m

格子木条
直径为18mm的山毛榉枝条

主要水平支撑
直径为25mm的山毛榉枝条，长85cm

拱门和凉棚

　　小径上竖起高高的弯曲铁箍，爬满月季、忍冬、铁线莲等枝繁叶茂的藤蔓植物，便是最简单的拱门。可选用光面或带树皮木材制作，也可用铁艺材料制作。凉棚有一种僻静、退隐的浪漫风情，常常爬满枝叶茂密的开花藤蔓植物，可置于角落或侧面，不会占用太多空间。

拱门和凉棚各是什么？

拱门

　　拱门可为小庭院打造独特的风格，建材可使用带树皮木材、光面木材或金属。

· 有的金属拱门四面皆通，用于小径相交的十字路口非常合适，可以爬满大花铁线莲。

· 采用光面木料支撑侧面格栅结构的拱门，能为规则或不规则庭院增添一抹精致的气息。将侧面漆成白色或其他淡色会更加显眼，但请别让它们过于耀眼。

带树皮的木材制作的拱门，适合藤蔓月季

半正式装饰性拱门

铁艺拱门

用绿篱打造的高顶拱门

凉棚

　　各种庭院都能找到适合自己的凉棚，无论是在角落还是沿着墙体或绿篱。已有越来越多商家出售现成的整体凉棚或可按图纸组装的套装，不规则式通常使用带树皮的木材，规则型则用成型木材制作。此外，还有一些使用熟铁制作，显得精致而古老，适合月季和东方铁线莲（Clematis orientalis, Oriental Clematis）等生命力不太旺盛的藤蔓植物，也可使用大瓣铁线莲（Clematis macropetala）。在小庭院中，将规则的木拱门靠在墙壁或绿篱上，然后放置一张长凳——双人座，不失为一种省钱的凉棚设计方案。

制作经典藤蔓花棚顶拱门

　　通过削斜角或为横木低端塑形，可为拱门顶部增添一丝东方韵味。这些木材的两端突出拱门侧面约的部分为23cm。

支撑结构的木材

结实的方形立柱

金属材质的立柱固定部件

经塑形的横木

格栅侧面

金属立柱顶部

可应对各种天气的路面

隧道

　　从定义来看，隧道理应很长。不过在庭院中，宽3m的隧道长度往往仅有2.4m，架在较宽的砾石或砖块小径上，为小庭院打造迷人的特色，牵引金链花、苹果树或梨树顺其上生长、覆盖。

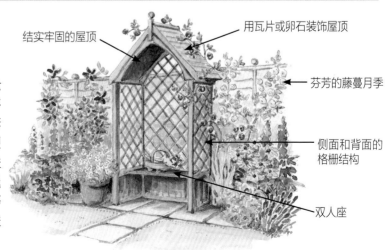

结实牢固的屋顶

用瓦片或卵石装饰屋顶

芬芳的藤蔓月季

侧面和背面的格栅结构

双人座

赏心悦目的村舍庭院凉棚，花境和背景栅栏不规则地栽种了色彩丰富的植物。

门廊和入口

门廊是否能为房屋增色？

门前空荡荡的，会让人觉得疏于打理、平淡无奇，但倘若建造一个门廊之类的结构，使之掩映在开花植物或枝繁叶茂的藤蔓植物之中，就会为房屋和庭院增色不少。无论是否为规则式，都请选择与房屋风格相一致的门廊。自制或直接从商家买来现成的门廊安装起来很容易，但必须稳固，不至于被强风吹倒。

正面开放式门廊，便于房屋采光，同时也能挡雨。

装满夏季开花植物的花盆适合装饰性门廊。

在室内的门廊成了室内门厅，可栽种植物成为入户花园。

设计、风格及材料

门廊设计需与房屋风格保持一致，规整的砖块也许偏向现代住宅，木质更适合老房子。将砖块漆成白色可让房子呈现出年代久远的效果。在狭窄的前院中，用同样的材料建筑会让门廊和栅栏可融为一体。

增加饰边

玄关坐椅

建造好门廊结构后，还需植物装点，柔化生硬的边缘，为建筑物抹上色彩。

· **开花藤蔓植物**：选择与门廊风格一致的植物——具有现代气息的门廊可栽种精致的小花，老房子则可栽种忍冬。

· **多叶片的藤蔓植物**：尽量不要让入口爬满古老落灰的藤蔓植物，那样看上去会是一片灰暗。若仅用于夏日欣赏，可栽种草本"黄叶"啤酒花。

· **吊篮**：如果空间允许，可在不易撞到的地方悬挂几个吊篮。

· **桶和花盆**：在入口一侧摆出一组不同高度的盆栽。

用带树皮的木材制作拱门

有些类型的门廊便于制造安装。四根带树皮的栗木立柱可建造不规则门廊，每根长约2.4m；还有两根各长1.5m的木条（用于顶部）。在较低处和两侧增添用于加固的横木，侧面和顶部则需格栅结构。用混凝土将支撑立柱浇筑进地下45cm深处。

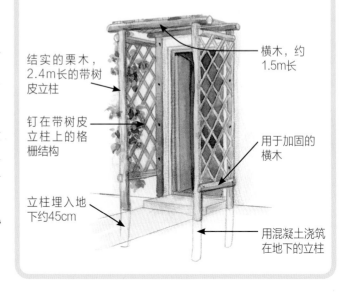

结实的栗木，约2.4m长的带树皮立柱

钉在带树皮立柱上的格栅结构

立柱埋入地下约45cm

横木，约1.5m长

用于加固的横木

用混凝土浇筑在地下的立柱

花境和小径边缘

　　修筑边缘既实用，又赏心悦目，还能标记花境、草坪和小径的界限。花境边缘能够挡土，有助于保护草坪边缘，让修整草坪更便捷，也不会伤害割草刀片。可选材料种类繁多，从圆木、砖块到适合花境的装饰性边缘，应有尽有，而且有着安全牢固的基性。

修筑边缘有必要吗？

花境边缘选择

· 从前，人们使用园艺修边刀手动修剪邻近花境的草坪边缘，夏日长草则是用修边剪刀来修理的。这种老办法可行，但时常损伤草坪边缘。

· 草坪与草本植物花境相接的边缘，一旦有植物叶片入侵就会影响美观。解决方案之一即安装一排30cm宽的铺路板，这样也便于割草。

仿制墙帽的预制彩色混凝土砌块，容易购得

顶部为绳状的砖块体现维多利亚风，请务必安装牢固

圆顶混凝土铺路砖看起来很规则，非常适合直边

低矮的尖木桩边缘，适合搭配不规则庭院和精致的花围

以45°倾角砌的砖块边缘，可应对各种天气，打造迷人花境边缘。

墙体边缘

　　紧挨墙体或栅栏的草坪很难使用割草机修整草坪，挡土墙边也存在同样问题。解决方案：用砖块或铺路板砌出30cm宽的割草缓冲地带，确保表面与草坪齐平。

有割草缓冲地带的边缘

割草缓冲地带能够分隔花境土壤与草坪，便于修整草坪。缓冲地带表面需与草坪齐平，以防损伤割草机刀片。

独特边缘

用圆木打造的边缘流露出闲适的气息。

　　在乡间，若在长草的小径边缘加上半埋在土壤中的圆木便会散发出迷人的气息。然而，修剪圆木边缘的草坪非常耗时，因此也可选择用卵石或碎树皮打造边缘。后者的麻烦在于，鸟儿有时会分散树皮。也可用水泥将大块圆石子砌在露台或地表结实的小径边缘，魅力十足，很适合半规则式区域。

圆石子砌成的边缘呈不规则状，颇有新意。

曲线边缘

↗ 用金属条连接的带树皮圆木排非常适合不规则曲线边缘。

↗ 砖块砌边，中心区域填满圆石子，造价低廉，很适合曲径。

挡土边缘

　　如果花境土壤平面高于草坪或小径，可使用结实的圆木。将圆木的1/3埋入沟中，返回土壤，彻底压实。低矮的砖墙也是一种选择，但需要强大的地基，施工耗时也更长。不过，砖块比圆木更长久耐用，最好用于直边花境。

砖块和铺路砖非常迷人，但是难以铺成曲线。

工具棚和封闭式凉亭

修建工具棚是否有必要？

在大型庭院中，存放工具、花盆和培养土的工具棚不可或缺。小庭院则可将工具棚和小封闭式凉亭合二为一，也可打造一侧为玻璃的工具棚，用于春季培育幼苗和植物。若有车库，可用来存放园艺工具（但请别在其中存放果蔬，否则食物会吸收燃料的气味或汽车尾气）。无论用哪一种，都必须干燥防虫，保证通风良好。

工具棚

工具棚大小不一，形状各异。小庭院需要紧凑实用的工具棚，有些看起来像盒子，还有的仅比门宽一点点而已。由于它们又小又高，地基必须安全稳固，而且最好建在防风的位置。

小小的尖顶工具棚

大小适中的平顶工具棚

储物箱

倘若庭院非常小，仅有一个露台和一小片地，可使用大储物箱。请选用防水、带斜坡、顶部有铰链盖的储物箱，长约1.8m。

节约空间的合并方式

· 工具棚和封闭式凉亭合二为一，是节约空间的解决方案，还可以配上小小的游廊，并铺设休闲区。

封闭式凉亭一般会成为孩子们喜爱的游乐场所

· 一面为玻璃的工具棚可在春季培育夏季开花的花坛植物（温暖、通风是必备条件）。然而，需在放置植物的台面上铺设塑料布，以防多余的水滴到地板上，或可放置较大的浅塑料盘。

节约空间的实用解决方案（见左）

封闭式凉亭

封闭式凉亭很受欢迎，但空间有限——可以尝试一下适用于角落的形状。在小庭院中，封闭式凉亭不仅是欣赏庭院的宁静休闲处所，还可存放园艺工具。因此，封闭式凉亭需注重美观，最好还可以成为焦点。若在周围铺砌了地面，封闭式凉亭非常适合摆放桌椅。

除提供休闲存储空间外，封闭式凉亭还可以让庭院更具格调。

观景亭，还是封闭式凉亭？

观景亭和封闭式凉亭都很特别，但观景亭四面敞开或部分空间由格栅框架围起，而封闭式凉亭却有门窗。

这两种结构选址皆需谨慎，观景亭可置于庭院之中，封闭式凉亭最好安排在庭院边上。露天演奏台是源自早期音乐家公园演奏的巧妙设计，它们与观景亭性质接近，但四面皆为开放式。

覆面

类型丰富多样，从"薄边"经"企口"，到让人联想起圆木小屋的"桶状"。采购木质庭院建筑物之前，应在木材商或建材市场查看工具棚行情，货比三家。

儿童游戏室

孩子们都希望有自己的游戏室，常设游戏室通常用木材建造，窗户用丙烯或聚氯乙烯（PVC）。儿童游戏室需要保证安全，所有尖角、螺丝和钉子都必须隐藏起来，确保不会伤人。小小的临时游戏室可用结实的塑料建造。

维护

若想减少"松木板"（一种针叶材）工具棚或封闭式凉亭的维护工作，请务必购买经过木材防腐剂加压处理的材质，这种处理方式能够提高木材的防腐能力。

温室和植物罩

温室可以扩展园艺生活的维度，丰富庭院栽种品种。再小的温室结构都可以帮助晚冬和春季培养夏季开花的花坛植物健康生长，若空间不够无法建温室，添置几个植物罩也可以呵护春季较早的蔬菜播种，亦可延长植物晚夏和早秋的收获成熟期。

我是否需要建温室？

温室

在小庭院中，靠墙温室和迷你温室深受欢迎，最好安排在向阳、可抵御凛冽寒风的位置。六边形温室轮廓新颖，需要留出打开的位置，可摆在庭院中心，确保门不要开在面朝盛行风的方向上。若是空间允许，可使用深得人心的等屋面温室，因为这种温室的大部分空间皆可用于植物栽种。用木材或倾斜金属条塑造结实的层架结构，是确保植物受到精心呵护的首要条件，层架宽60cm为最佳。

靠墙温室深受欢迎，但是必须确保屋顶和侧面通风良好。

为温室遮阴

所有温室在夏天时都需要遮阴，较小的温室气温浮动剧烈，因此更需要注意。可用塑料布从外部垂下遮盖，也可用白色遮光网罩在玻璃上，到了秋季则去除所有遮光罩。

由于微型温室中温度变化明显，故需定期打理。

材料

现代温室通常采用挤压铝材，尽可能让更多光线进入。同时，这种材料也无须养护，玻璃板由自动弹到位置的金属夹固定。木材也很受欢迎——红雪松很耐用，不上漆，每年需要用亚麻籽油清洗覆盖。木质温室非常适合不规则型的村舍庭院，在这种环境中，用木质比金属更为和谐。

温室小贴士

- 全年皆需保持玻璃清洁，尤其是早春。
- 秋季清理排水沟，防止落叶和脏水堆积。
- 秋季或初冬，去除所有枯枝败叶，对内部进行彻底的大扫除。然后，敞开大门和通风口数周。
- 冬季，检查通风口开关是否正常，如使用的自动通风口，请检查是否完好。此外，还需确保门能正常开关。
- 如果温室中有供电设备，请专业电工师傅检查，为晚冬和春季播种做准备。

植物罩

比起温室，植物罩在小庭院中功能更广，也更便宜。晚冬时节，可将植物罩盖在翻好的土壤上，使其迅速暖起来，便于播种较早的作物。秋季，它们可以延长植物的生长和成熟期。多年前，仅有玻璃罩，现在还有聚乙烯材料和PVC瓦楞板材质的。

钟形罩

→ 曾为玻璃材质，如今已有透明塑料。将透明的大塑料瓶底部剪掉，使用效果也不错。

谷仓式

↗ 谷仓式植物罩由四片玻璃制成，玻璃由金属夹固定。

PVC瓦楞板植物罩

↗ 这种植物罩轻质、结实，但难以抵御强风。